高等院校产品设计专业系列教材

Rhino+KeyShot
产品设计与表现

刘松洋　侯巍巍　王婧　编著

清华大学出版社
北　京

内 容 简 介

本书打破传统 Rhino 建模思路的束缚，依托 Rhino 7 软件的新功能，增强了软件在产品设计建模方面表现形式的多样性，结合 KeyShot 10 的渲染技术丰富产品的表现力，系统地阐述了产品的建模技巧和渲染方法。全书共分为 12 章，第 1 章为 Rhino 7 软件概述；第 2、3 章介绍了 Rhino 7 的建模基础及案例实践；第 4 ～ 7 章主要围绕 Rhino 7 的新功能讲述高级建模，包括 SubD 细分曲面建模技巧、Grasshopper 参数化建模基础及案例实践；第 8、9 章是本书的特色章节，通过对 RhinoGold 建模基础及案例实践的讲解，使读者快速掌握珠宝首饰的建模技巧；第 10 章通过综合案例进行全面建模解析；第 11、12 章主要讲解 KeyShot 10 的基础渲染功能与高级渲染案例实践。

本书可作为高等院校工业设计和产品设计专业的教材，也可供从事工业产品设计工作的人员阅读，还可作为设计软件初学者的查阅工具书和优秀作品参考书。

图书在版编目 (CIP) 数据

Rhino+KeyShot 产品设计与表现 / 刘松洋，侯巍巍，王婧编著 . — 北京：清华大学出版社，2023.6
高等院校产品设计专业系列教材
ISBN 978-7-302-63592-5

Ⅰ. ①R… Ⅱ. ①刘… ②侯… ③王… Ⅲ. ①产品设计—计算机辅助设计—应用软件—高等学校—教材
Ⅳ. ① TB472-39

中国国家版本馆 CIP 数据核字 (2023) 第 092790 号

责任编辑：李　磊
封面设计：陈　侃
版式设计：孔祥峰
责任校对：马遥遥
责任印制：沈　露

出版发行：清华大学出版社
　　　　　网　　　　址：http://www.tup.com.cn，http://www.wqbook.com
　　　　　地　　　　址：北京清华大学学研大厦A座　　　　邮　　编：100084
　　　　　社 总 机：010-83470000　　　　邮　　购：010-62786544
　　　　　投稿与读者服务：010-62776969，c-service@tup.tsinghua.edu.cn
　　　　　质 量 反 馈：010-62772015，zhiliang@tup.tsinghua.edu.cn
印 装 者：三河市龙大印装有限公司
经　　销：全国新华书店
开　　本：185mm×260mm　　　印　　张：18.25　　　字　　数：443千字
版　　次：2023年7月第1版　　　印　　次：2023年7月第1次印刷
定　　价：99.00元

产品编号：099130-01

编 委 会

序

设计，时时事事处处都伴随着我们。我们身边的每一件物品都被有意或无意地设计过或设计着，离开设计的生活是不可想象的。

2012年，中华人民共和国教育部修订的本科教学目录中新增了"艺术学-设计学类-产品设计"专业。该专业虽然设立时间较晚，但发展趋势非常迅猛。

从2012年的"普通高等学校本科专业目录新旧专业对照表"中，我们不难发现产品设计专业与传统的工业设计专业有着非常密切的关系，新目录中的"产品设计"对应旧目录中的"艺术设计(部分)""工业设计(部分)"，从中也可以看出艺术学下开设的"产品设计专业"与工学下开设的"工业设计专业"之间的渊源。

因此，我们在学习产品设计前就不得不重点回溯工业设计。工业设计起源于欧洲，有超过百年的发展历史，随着人类社会的不断发展，工业设计也发生了翻天覆地的变化：设计对象从实体的物慢慢过渡到虚拟的物和事，设计方法越来越丰富，设计的边界越来越模糊和虚化。可见，从语源学的视角且在不同的语境下厘清设计、工业设计、产品设计等相关概念，并结合对围绕着我们的"被设计"的事、物和现象的观察，无疑可以帮助我们更深刻地理解工业设计的内涵。工业设计的综合性、交叉性和边缘性决定了其外延是广泛的，从艺术、文化、经济和技术等不同的视角对工业设计进行解读或许可以更全面地还原工业设计的本质，有利于人们进一步理解它。从时代性和地域性的视角对工业设计的历史进行解读并不仅仅是为了再现其发展的历程，更是为了探索工业设计发展的动力，并以此推动工业设计的进一步发展。人类基于经济、文化、技术、社会等宏观环境的创新，对产品的物理环境与空间环境的探索，对功能、结构、材料、形态、色彩、材质等产品固有属性及产品物质属性的思考，以及对人类自身的关注，都是工业设计不断发展的重要基础与动力。

工业设计百年的发展历程为人类社会的进步做出了哪些贡献？工业发达国家的发展历程表明，工业设计带来的创新，不但为社会积累了极大的财富，也为人类创造了更加美好的生活，更为经济的可持续发展提供了源源不断的动力。在这一发展进程中，工业设计教育也发挥着至关重要的作用。

随着我国经济结构的调整与转型，从"中国制造"走向"中国智造"已是大势所趋，这种巨变将需要大量具有创新设计和实践应用能力的工业设计人才。党的二十大报告为我国坚定推进教育高质量发展指出了明确的方向。艺术设计专业的教育工作应该深入贯彻落实党的二十大精神，不断创新、开拓进取，积极探索新时代基于数字化环境的教学和实践模式，实现艺术设计的可持续发展，培养具备全球视野、能够独立思考和具有实践探索能力的高素质人才。

未来，工业设计及教育，以及产品设计及教育在我国的经济、文化建设中将发挥越来越重要的作用。因此，如何构建具有创新驱动能力的产品设计人才培养体系，成为我国高校产品设计教育相关专业面临的重大挑战。党的二十大精神及相关要求，对于本系列教材的编写工作有着重要的指导意义，也进一步激励我们为促进世界文化多样性的发展做出积极的贡献。

由于产品设计与工业设计之间的渊源，且产品设计专业开设的时间相对较晚，那么针对产品设计专业编写的系列教材，在工业设计与艺术设计专业知识体系的基础上，应当展现产品设计的新理念、新潮流、新趋势。

本系列教材的出版适逢我院产品设计专业荣获"国家级一流专业建设单位"称号，我们从全新的视角诠释产品设计的本质与内涵，同时结合院校自身的资源优势，充分发挥院校专业人才培养的特色，并在此基础上建立符合时代发展要求的人才培养体系。我们也充分认识到，随着我国经济的转型及文化的发展，对产品设计人才的需求将不断增加，而产品设计人才的培养在服务国家经济、文化建设方面必将起到非常重要的作用。

结合国家级一流专业建设目标，通过教材建设促进学科、专业体系健全发展，是高等院校专业建设的重点工作内容之一，本系列教材的出版目的也在于此。本系列教材有两大特色：第一，强化人文、科学素养，注重中国传统文化的传承，吸收世界多元文化，注重启发学生的创意思维能力，以培养具有国际化视野的创新与应用型设计人才为目标；第二，坚持"科学与艺术相融合、创新与应用相结合"，以学、研、产、用一体化的教学改革为依托，积极探索国家级一流专业的教学体系、教学模式与教学方法。教材中的内容强调产品设计的创新性与应用性，增强学生的创新实践能力与服务社会能力，进一步凸显了艺术院校背景下的专业办学特色。

相信此系列教材的出版对产品设计专业的在校学生、教师，以及产品设计工作者等均有学习与借鉴作用。

天津美术学院国家级一流专业(产品设计)建设单位负责人、教授

前 言

党的二十大报告为我国坚定推进教育高质量发展指出了明确的方向。在此背景下，本教材编写组以"加快推进教育现代化，建设教育强国，办好人民满意的教育"为目标，以"强化现代化建设人才支撑"为动力，以"为实现中华民族伟大复兴贡献教育力量"为指引，进行了满足新时代新需求的创新性教材编写尝试。

Rhino是Rhinoceros(犀牛)的简称，它是一款专业的3D造型设计软件，可广泛应用于三维动画制作、工业设计、科学研究及机械设计等领域。该软件功能强大，拥有出色的建模能力，建模精准，运算稳定，能够为各种卡通设计、场景制作等创建优良的模型。同时，通过Rhino构建的模型进行格式转换后，可以导入Pro/E、UG等CAD软件，操作方便，这也使Rhino备受设计人员的青睐。

KeyShot是一款单机的实时渲染应用软件，能够快速、轻松地呈现产品静态效果并进行动态展示，在Mac和PC等设备上支持多种3D文件格式。KeyShot可以做到完全实时渲染，被广泛应用于工业产品、机械工程、CG制作、平面设计等诸多领域。

随着Rhino和KeyShot的功能不断完善，两款软件的组合运用可高效出片，其方便、快捷的特点使其逐渐成为业内人员的首选。它们小巧、灵活，功能强大，在应对互联网宣传和电商促销等需求时可以快速反应，极大降低了时间成本，提升了设计效率。

与传统Rhino软件教程中偏重讲解理论知识和工具介绍不同，本书从实用的角度，概述了设计工作中常用的建模命令，重点讲解依托Rhino 7产生的软件的新功能特性，为建模找到了更简单、快速的方式。书中内容基于软件的实际操作界面，针对软件中真实的对话框和按钮等进行讲解，使读者能够直观、准确地学习软件操作方法，从而提高学习效率并快速掌握使用技巧，高效完成一般和复杂产品的设计工作。对于KeyShot应用程序的内容，基础功能部分不做过多的讲解，高阶渲染部分着重介绍最为常见的黑白产品的渲染，这也是消费类电子产品的主流色彩，通过材质的细节表现和打光技巧使黑色和白色产品更加真实、生动。

本书共分为12章。第1章简要介绍了Rhino 7软件的常见应用领域，包含产品设计、建筑设计、珠宝设计等。第2、3章主要讲述Rhino 7的建模基础，对核心建模与辅助建模命令进行讲解，并结合案例实操帮助读者稳固基础。第4～9章为全书的重点章节，主要介绍了三部分内容：一是对SubD细分曲面建模方式和特点进行分析，并对基础命令和实际案例的操作进行讲解；二是对Grasshopper参数化建模进行讲解，包括常用电池、运算器的介绍，以及复杂产品表面纹理的制作思路等，需要读者潜心模仿与练习；三是对RhinoGold珠宝设计插件的学习及使用，学习此插件对于从事珠宝首饰设计工作的人员来说，能够快速、轻松地创建珠宝模型，通过基础命令的讲解和案例实操可以使读者快速掌握软件的使用技巧。第10章为Rhino 7综合案例实践，是对前面几章基础知识和进阶建模方法的实际运用。第11、12章为KeyShot 10对于产品的基础渲染功能和高阶渲染案例的讲解。书中的重要知识点都结合案例进行介绍，注重应用与实战，并将相关的设计思路和应用技巧融入练习案例和应用案例中。

  本书提供了配套的教案、教学大纲、PPT课件、素材文件、模型文件、渲染文件、教学视频，扫描右侧二维码，推送到邮箱，即可下载获取。注意：下载完成后，系统会自动生成多个文件夹，配套资源被分别存储在其中，请将所有文件夹里的资源复制出来即可。

教学资源

  本书由刘松洋、侯巍巍、王婧编著，李文硕、宋玉珊、于为康、方义超、徐萌等也参与了本书的编写工作。

  由于编者水平所限，书中难免有疏漏和不足之处，恳请广大读者批评、指正。

编　者
2023.3

目录 CONTENTS

第1章

Rhino 7软件概述

主要内容： 本章讲述了Rhino 7常见的应用领域，包括产品设计、建筑设计、珠宝设计等，并对Rhino 7版本的软件特色、新功能、界面布局进行逐一讲解。

教学目标： 通过对本章的学习，读者可以了解Rhino 7常见的应用领域，并且对Rhino 7软件的特色、功能，以及软件的界面布局有清晰的认识。

学习要点： 了解Rhino 7常见的应用领域，熟悉Rhino 7软件的新特性。

Product Design

1.1   Rhino 7的设计应用

Rhinoceros，简称Rhino，中文名为犀牛，是美国Robert McNeel & Assoc公司开发的专业3D造型设计软件。该软件功能强大，拥有出色的建模能力，所提供的工具可以精确地制作几乎所有的渲染表现、动画展示、工程图、分析评估及生产用的模型，从简单构思、设计稿、手绘到实际产品，其表现力都极其优秀。

1.1.1   产品设计领域

设计软件的应用是产品设计开发流程中的重要环节，它不仅能将设计创意具象化，还是设计师与结构师、模型师、客户等相关人员进行有效沟通的重要方式。Rhino软件自面世以来，因其强大的造型功能和易操作性在同类计算机辅助设计软件中占据优势。早期的Rhino软件一直应用于专业工业设计，为产品的外观造型建模，但随着程序相关插件的开发，软件的应用范围也越来越广。

Rhino在曲面造型方面有着强大的功能，提供了诸如扫掠、放样、旋转、布尔运算、拉伸、控制点调节等不受约束的自由造型三维建模工具，这也使得该软件在产品设计领域用途广泛。用户可以根据想象构建任何造型而不受复杂度、阶数和尺寸的限制，如图1-1、图1-2所示。

图1-1

图1-2

Rhino软件支持30余种输入与输出文件格式，包含IEGS、DWG、DXF、3DS、LOW、VRML、STL、OBJ、WMF、RIP、BMP、TGA、JPG等，这非常利于对接工程类软件，为后续的产品结构设计、生产制造提供了极大的便利。Rhino软件还可以把三维文件转成线条图形和二维图形，生成CAD或AI文件，输入雕刻机、喷蜡机和树脂机等数控成型机中进行加工或成型制造。

强大的插件是Rhino具有的一个特色功能，它使得Rhino建模的方式更加全面，有一定的扩展性，可以更快速、更高效地完成复杂的造型制作。Rhino中常用的插件，如T-Splines能够实现复杂曲面造型的建模，把原本强大的曲面建模功能提升得更加强大。Rhino配合Grasshopper参数化建模插件，可制作出样式丰富的产品表面纹理或孔的形状、布局等。在Rhino 7版本中，内置的SubD工具可以创建可编辑的、高度精确的形状，以及新的几何体类型，SubD工具结合了自由形状的精确性，同时仍然允许快速编辑，使精确的有机建模变得更加容易。

1.1.2　建筑设计领域

近几年，Rhino开始更多地应用于建筑行业，深受建筑设计师的喜爱。Rhino基于NURBS曲面的算法进行建模，具有高精度和能够对曲线或者直线进行修剪的特点，在修剪后可以无缝连接。基于这种算法，参数化设计不断融入建筑设计领域，涌现出很多异形的建筑。

著名的扎哈·哈迪德建筑事务所，以创造光滑和流线型的建筑曲面作为常用的设计手法，设计出一批具有代表性的参数化建筑，如德国沃尔夫斯堡费诺科学中心(见图1-3)、银河SOHO(见图1-4)等。这些建筑设计中充满力量与动感的曲线最初是在Maya软件中通过Mesh网格找形的，但Mesh网格存在精确度不足的问题，使得其达不到制造输出的要求，而Rhino软件基于NURBS的曲面技术弥补了这一缺陷。

图1-3

图1-4

由于Rhino可以与Grasshopper等参数化设计插件衔接，可制作具有一定规模、有内在逻辑联系的重复构建，节省可观的工作量。但是，Rhino不是只做参数化设计的软件，相比Maya与Catia的参数化，Rhino的优势在于它不仅具有参数化功能，而且与前期和后期的软件衔接非常便利。相对而言，Revit、ArchiCAD等软件不适用于前期的推敲，Maya、3ds等则不便用于后期深化，而SolidWorks等软件的偏工业设计专属性质过强。因此，Rhino相对更适合辅助建筑设计方案的创作。

Rhino符合现阶段较提倡的建筑设计跨界创新的时代潮流，许多较前卫的高校建筑学专业，将建筑设计与编程、机器人，甚至化工等知识结合，而Rhino恰好满足了不同专业相互搭接的需求。Rhino的精细化模型制作与全方位的软件对接模式，为建筑设计提供了一个较好的平台，提高了建筑学专业跨界创新的可实施性，对于提升建筑设计品质、建筑模型品质起到非常积极的作用。

1.1.3　珠宝设计领域

如今，珠宝首饰设计已进入计算机时代，目前珠宝行业应用的计算机辅助设计软件主要有JewelCAD、3Design、Rhino等。对比其他设计软件，Rhino的NURBS技术提供了很高的精确度和适应性，可以快速地完成富有创意的、复杂的设计作品，如图1-5所示。

图1-5

Rhino可以与Matrix、Gold及T-splines等插件任意搭配使用，并可以与其他类似的渲染软件通用，以此达到完美的首饰和配饰的制作与渲染效果。

以上这些优良性能和特点，使Rhino逐渐成为设计师推崇使用的软件。在欧洲，设计师与相关设计类院校结合未来可能的发展趋势，应用Rhino在设计课题中发挥重要作用，创造出新颖、精美的珠宝样式，Rhino也成为国外顶级院校珠宝设计专业的必学软件之一。由于Rhino与3D打印技术的无缝接轨，所以无论从造型还是材料上都被赋予了更多可能性，因此学生在设计项目中也普遍倾向于运用Rhino去制作珠宝原型。此外，很多国际一线珠宝品牌也都将Rhino作为必不可少的设计辅助工具。

1.2 Rhino 7软件特色

1.2.1 Rhino 7新功能

相较于过去的版本，Rhino 7有了较大的升级，推出了SubD工具、QuadRemesh工具、设计表达工具等。

1. SubD工具

对于需要快速探索自由造型的设计师来说，SubD工具提供了一种新的几何类型，它可以创建可编辑的、高精度的形状。与其他类型的几何工具不同，SubD 工具在保持自由造型精确度的同时还可以进行快速编辑。

在此版本中，为用户开启了全新的建模工作流程，并将许多稳定的功能进行完善。使用SubD工具制作的家具样式，如图1-6所示。

2. QuadRemesh工具

QuadRemesh工具可以从现有的曲面、实体、网格或者细分物件中快速重建四边面网格，如图1-7和图1-8所示。

该工具非常适合制作动画、建模、仿真模拟，以及实施逆向工程。

图1-6

图1-7

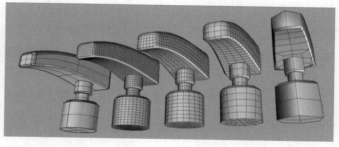

图1-8

3. 设计表达工具

在 Rhino 7中优化了设计表达工具，对Rhino渲染引擎进行了重大更新，简化了工作流程，使用者不需要做任何更新，就可以直接在工作视窗的光线跟踪模式下看到渲染的效果。此外，Rhino 7还新增了对 PBR 材质和 LayerBook 指令的支持，以及更多其他功能。

1.2.2　插件接口丰富

新版本的Rhino作为一款专业的三维建模软件，有着强大的造型能力，以及丰富的专业设计扩展插件，可分别应对不同的应用领域，满足参数化设计、制作动画、颜色渲染等多种处理的需要。在众多插件中，具有代表性的有如下几种。

Grasshopper：基于Rhino环境下运行的，采用程序算法生成模型的插件。不同于RhinoScript，它不需要太多程序语言，通过一些简单的流程方法就可以达到设计师想要的模型。

RhinoGOLD：专用于珠宝设计的插件，最大的优势是可以让设计人员快速、精准地修改和制造珠宝造型，极大地提高了工作效率。该插件主要用于珠宝设计行业和制造行业，如图1-9所示。

图1-9

Bongo：一款很好用的动画制作插件，可以记录物体的移动、旋转、图层可见性、颜色、光泽、透明度等动作，支持全部显示模式下的实时预览，还可使用兼容的渲染器渲染视频。该插件在Rhino 5、6、7版本中都可以使用。

RhinoBIM：为建筑行业开发的一套建筑结构设计、分析插件。该插件具有丰富的钢结构数据库及齐全的材料库，是添加和编辑结构钢梁的稳定工具，还能进行碰撞分析。

RhinoShoe：专门用于修正鞋子的比例及设计花样的插件。

RhinoCFD：一款内置于Rhino计算流体动力学的插件，能够分析模型与周围流体的相互作用，结果以可视化的形式呈现。该插件可应用于船舶、建筑、航空、运输领域，如图1-10所示。

V-Ray：移植在Rhino平台的全局光照渲染器，能够与Rhino中的默认灯光完美结合。

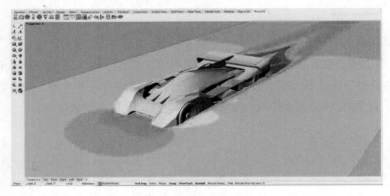

图1-10

1.2.3　良好的文件兼容性

很多应用程序通常只锁定一种或两种专有格式，但Rhino可与其他应用程序相互支持，拓宽了Rhino 3D的应用领域。

Rhino 7支持约55种文件保存格式、约38种文件导入格式，相较之前的版本，Rhino 7几乎兼容了现存的所有CAD数据。Rhino 对于文件格式的广泛支持，使其成为 3D 互操作性工具的首选。

1.3　Rhino 7软件下载与安装

1.3.1　软件下载

Rhino 7软件可以从Rhino中文官网下载。软件可以试用，如果要长期使用，建议购买正版软件。

1.3.2　软件安装

Rhino 7软件的安装方式简单，执行安装软件中的SetupRhino.exe文件，输入序列号，然后按照提示步骤安装即可。具体安装步骤如下。

(1) 在购买的正版Rhino 7软件中，找到rhino_zh-cn_7.23.22282.13001.exe安装程序，双击并

启动，如图1-11所示。

(2) 单击"现在安装"按钮，系统会自动完成安装工作，如图1-12所示。

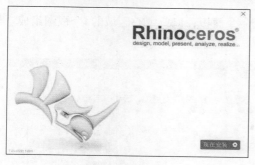

图1-11

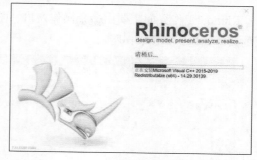

图1-12

(3) 安装完成后，单击"立即重启"按钮，结束安装，如图1-13所示。

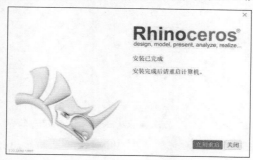

图1-13

(4) 重启计算机后，桌面上会生成一个启动程序的快捷方式图标 ，双击该图标，弹出"授权"对话框，如图1-14所示。

(5) 在对话框中，输入邮箱号，单击"继续"按钮，输入"授权码"后可以开始试用软件，如图1-15所示。选择其他选项可以授权使用正版。

图1-14

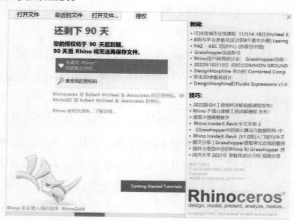

图1-15

1.4 Rhino 7工作界面

Rhino 7工作界面主要由命令操作窗口、图标命令面板，以及中心区域的4个视图组成。界面的具体结构，如图1-16所示。

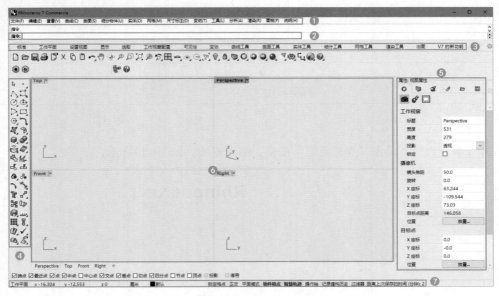

图1-16

❶菜单栏：涵盖了各类操作命令与帮助信息。

❷指令提示行：显示命令，允许输入命令名称及选项。在使用工具或命令时，提示行中的信息会进行相应的更新。

❸工具列群组(工具栏)：汇聚了常用工具，以按钮的形式排列。在工具列群组中，可以添加或移除工具列。

❹边栏工具列(核心区域)：列出了常用建模命令，包括点、曲线、网格、曲面、布尔运算、实体及其他变动命令。

❺辅助工具列：类似于其他软件中的控制面板。在选取视图中的物件时，可以在辅助工具列查看它们的属性，分配各自的图层；在使用相关命令或工具时，可以查看该命令或工具的帮助信息。

❻工作视窗：显示常用的工作视窗，包括Top视图窗口、Front视图窗口、Right视图窗口、Perspective视图窗口4个工作视窗。其中，3个正交视图窗口(Top视图窗口、Right视图窗口、Front视图窗口)，分别从不同的角度展现正在构建的对象，通过正交视图窗口可以很精准地建模，还可以添加更多的正交窗口，如后视图窗口、底视图窗口、左视图窗口等。1个透视窗口(Perspective视图窗口)，以立体方式展现正在构建的三维对象，展现方式有线框模式、着色模式等，用户可以从各个角度观察正在创建的对象。

❼状态栏：用于显示信息或控制项目，包括锁定格点、正交、平面模式、物件锁定、记录构建历史等。

第2章

Rhino 7 建模基础

主要内容： 本章介绍Rhino 7理论基础，以及常用工具或命令，如曲线和曲面的连续性应用、工作平面基础设置、核心建模工具、辅助建模工具等，便于后续学习高阶建模方式。

教学目标： 通过对本章的学习，读者可以熟练使用Rhino 7常用工具或命令。

学习要点： 熟悉曲线和曲面的连续性、核心建模工具或命令，熟练运用Rhino 7中常用的核心和辅助工具或命令。

Product Design

2.1 Rhino 7理论基础

2.1.1 NURBS曲线原理

Rhino软件是以NURBS为基础的三维造型软件，通过它创建的一切对象均由NURBS定义。

NURBS是非均匀有理B样条(Non-Uniform Rational B-Splines)曲线的缩写，它是因使用计算机进行3D建模而生，在3D建模的内部空间用曲线来表现轮廓和外形，并用数学表达式构建。

NURBS是制作曲面物体的一种造型方法，其造型总是由曲线和曲面进行定义，所以在NURBS表面生成一条有棱角的边是很困难的。正是因为这一特点，使用者才可以用它做出各种复杂的曲面造型和表现特殊的效果。

NURBS曲线的参数分为Uniform参数和Non-Uniform参数，不同的参数使曲线具有不同的属性。在Rhino 7中，可以用Uniform和Non-Uniform定义编辑点间隔，其类型影响着Rhino 7如何沿着曲线的长度方向标识编辑点的位置，这两种方法给出的曲线外形是不同的。

NURBS具有四个要素：阶数、控制点序列、节点序列、控制点权值序列。

2.1.2 控制点的权值原理

控制点的权值是控制点对曲线或曲面的牵引力，权值越高，曲线或曲面越接近控制点。

绘制一条曲线，打开控制点，如图2-1所示。单击"编辑控制点权值"按钮，选择曲线控制点，在弹出的"设置控制点权值"对话框中设置参数，如图2-2所示。权值发生变化后，曲线形态也随之变化，如图2-3所示。

图2-1   图2-2   图2-3

如果设置控制点的"权值"为6，可以看到权值越高，曲线越接近控制点，如图2-4所示；如果设置控制点的"权值"为0.1，则可以看到权值越低，曲线越远离控制点，如图2-5所示。

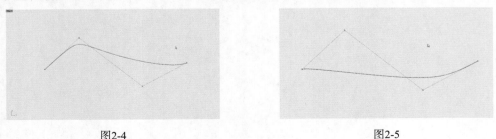

图2-4   图2-5

绘制一个曲面，打开控制点。单击"编辑控制点权值"按钮 ，选择要编辑权值的控制点，在弹出的"设置控制点权值"对话框中默认权值为1.0，曲面形态如图2-6所示。

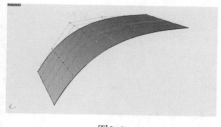

图2-6

设置控制点"权值"为13，可以看到权值越高，曲面就会越接近控制点，如图2-7所示；设置控制点"权值"为0.1，则可以看到权值越低，曲面就会越远离控制点，如图2-8所示。

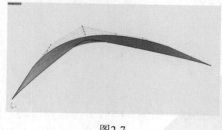

图2-7

图2-8

2.1.3　曲线连续性

1. 曲线的G0连续

绘制两条曲线，如图2-9所示。单击"可调式混接曲线"按钮 ，分别选中左右两条曲线，在弹出的"调整曲线混接"对话框中设置参数，如图2-10所示。此时曲线为G0连续，单击"打开曲率图形"按钮 ，可以查看曲率梳，如图2-11所示。

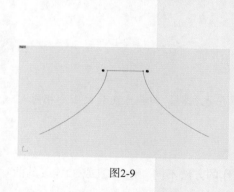

图2-9

图2-10

图2-11

技术要点

G0连续：相交切点法线方向不同，两曲线交点处的曲率值一般也不同。

2. 曲线的G1连续

单击"可调式混接曲线" 按钮，分别选中两条曲线，如图2-12所示。在弹出的"调整曲线混接"对话框中设置参数，如图2-13所示。此时是曲线连续性的G1模式，查看曲率梳，如图2-14所示。

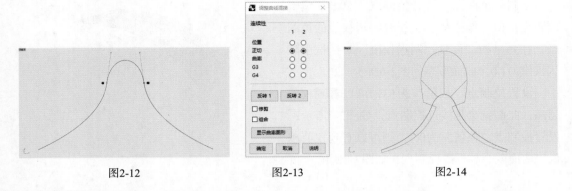

| 图2-12 | 图2-13 | 图2-14 |

技术要点

G1连续：相交切点法线方向相同，两曲线交点处曲率值不同。

3. 曲线的G2连续

单击"可调式混接曲线"按钮 ，分别选中两条曲线，如图2-15所示。在弹出的"调整曲线混接"对话框中设置参数，如图2-16所示。此时曲线为G2连续，查看曲率梳，如图2-17所示。

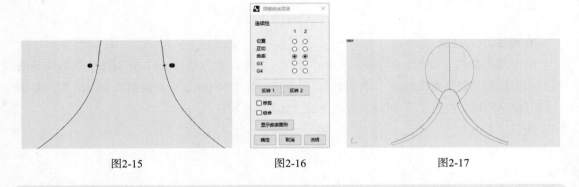

| 图2-15 | 图2-16 | 图2-17 |

技术要点

G2连续：相交切点法线方向相同，两曲线交点处曲率值也相同，曲率方向和大小都相同。

2.1.4　曲面连续性

NURBS曲面连续性的概念与曲线连续性相同，但操作的方法不同。达到G1或G2连续的曲面是基于一系列相互保持G1或G2的曲线放样得到的。

1. 曲面的G0连续

曲线在端点处连接或者曲面在边线处连接，通常称为G0连续，也称位置连续。

绘制两条G0连续的NURBS曲线，如图2-18所示。

单击"放样"按钮 ，将两条G0连续的曲线生成曲面，可以看到曲面也保持了G0连续，如图2-19所示。

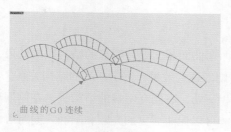

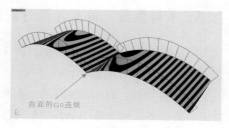

图2-18

图2-19

2. 曲面的G1连续

G1连续也称斜率连续，要求曲面在边线处连接，并且在连接线上的任何一点两个曲面都具有相同的法向。

G1要求两条曲线在端点处相交，并且相交端点处的3个控制点处于同一水平线上。绘制两条G1连续的曲线，如图2-20所示。

相切的曲率梳是断开的，曲率梳的两个端点处在同一连线上，而不是两条线，如图2-21所示。

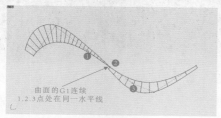

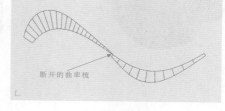

图2-20

图2-21

单击"放样"按钮 ，将两条G1连续的曲线生成曲面，可以看到曲面保持了G1连续。当两个曲面的相交处处于相切状态时，斑马纹显示了虽然相交但不平滑的特征，即G1连续，如图2-22所示。

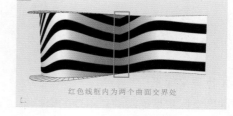

图2-22

3. 曲面的G2连续

曲率连续性通常称为G2连续，对于曲面的曲率连接，要求在G1的基础上两个曲面与公共曲面的交线也具有G2连续。

绘制两条G2连续的曲线，如图2-23所示。

单击"放样"按钮 ，将这两条G2连续的曲线生成曲面，可以看到曲面也保持了G2连续。当两个曲面相交，曲面的斑马纹平滑且曲率连续时，即G2连续，如图2-24所示。

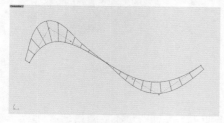

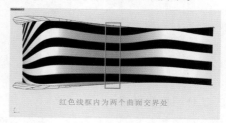

图2-23

图2-24

2.1.5 不同曲线、曲面连续性的应用

以无线耳机为例，如图2-25所示。箭头所指的两个曲面相交处有明显的结构线的效果，即为曲面的G0连续。这样的曲面可以体现产品外观硬朗的视觉效果，突出产品的结构关系。

以手持电钻为例，如图2-26所示。在两个曲面相交处，右侧有明显的结构线，左侧逐渐消失，呈现平滑效果，即为G1或G2连续。G1或G2连续可以让曲面更加光顺和圆润，同时可以制作出渐消面，使产品外观造型表现出动态的、速度感的视觉效果。这种渐消面造型是产品设计中较为常用的设计方法。

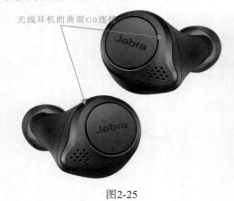

图2-25

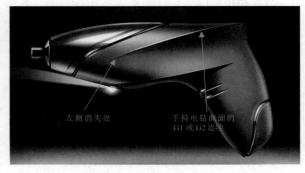

图2-26

2.2 Rhino 7坐标系统

2.2.1 坐标系

1. 世界坐标系

世界坐标系是绝对的、不变的坐标系，它由原点、X轴、Y轴、Z轴组成。在所有的视窗中会显示WCS的图标，当提示输入一点时，可以输入世界坐标。每一个视图的左下角都有一个世界坐标系图标，用以显示世界坐标系X、Y、Z轴的方向，如图2-27所示。当物件旋转时，世界坐标系也会跟着旋转，如图2-28所示。

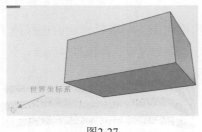

图2-27

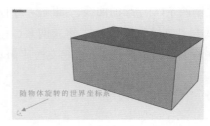

图2-28

2. 工作平面坐标系

每个视图都有一个工作平面，工作平面上有一个原点、X轴、Y轴及网格线。工作平面可

以任意改变方向，而且每一个视图的工作平面预设是独立控制的。

网格线位于工作平面上，红色的线代表工作平面X轴，绿色的线代表工作平面Y轴，两条轴线交会于工作平面原点，如图2-29所示。

工作平面是在建模操作时的一个坐标系统。在3D类建模软件中，坐标系统是用来确定物件位置的普遍方法。

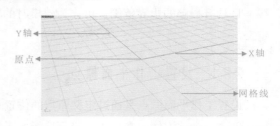

图2-29

2.2.2　坐标输入方法

Rhino 7软件中的坐标系与AutoCAD中的坐标系相同，其坐标输入方式也相同。也就是说，如果仅以X、Y格式输入，则表达为2D坐标；若以X、Y、Z格式输入，则为3D坐标。2D坐标输入和3D坐标输入统称为绝对坐标输入。当然，坐标输入方式还包括相对坐标输入。

1. 2D坐标输入

在指令提示输入一点时，以(x,y)的格式输入数值，x代表X坐标，y代表Y坐标。例如，绘制一条从坐标(0,0)至(15,15)的直线，如图2-30所示。

2. 3D坐标输入

在指令提示输入一点时，以(x,y,z)的格式输入数值，x代表X坐标，y代表Y坐标，z代表Z坐标。例如，绘制一条从坐标(0,0,0)至(10,20,30)的直线，如图2-31所示。

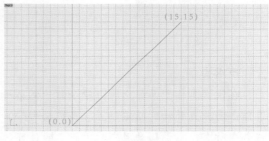

图2-30

> **技术要点**
> 输入(x,y,z)格式时，要将输入法切换为英文模式。

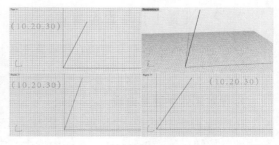

图2-31

2.3　工作平面

工作平面是Rhino 7建立物件的基准平面，除非使用坐标输入、垂直模式、物件锁点，否则所指定的点总是会落在工作平面上。每一个工作平面都有独立的轴、网格线，以及相对于世界坐标系的定位。

建模文档初始是工作平面的原点，其轴向是与世界坐标系的原点和轴向重合的。例如，Top工作平面的X轴和Y轴对应于世界坐标的X轴和Y轴。Right工作平面的Y和Z对应于世界坐标的X轴和Y轴。Front工作平面的X轴和Y轴对应于世界坐标的X轴和Z轴。Perspective工作视图使用的是Top工作平面。

工作平面是一个无限延伸的平面，但在作业视图中工作平面上相互交织的直线阵列称为格线，且具有一定的边界范围，可作为建模时的辅助线。工作平面的格线、间隔、颜色都可以自定义。

2.3.1　设置工作平面原点

设置工作平面原点是通过定义原点的位置来建立新的工作平面，如图2-32所示。

创建一个立方体，在"工作平面"标签下单击"设置工作平面原点"按钮 ，捕捉立方体的任意端点，将立方体工作平面原点移动到指定的位置，如图2-33所示。

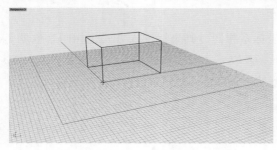
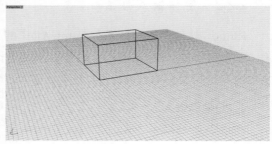

图2-32　　　　　　　　　　　　　　　　　图2-33

技术要点

在设置工作平面原点时，命令行中的第一个选项"全部(A)=否"，表示仅在某个视图内将工作平面原点移动到指定位置。当"全部(A)=否"选项变为"全部(A)=是"时，再执行该选项将会在所有视窗中移动原点到达指定的位置。

2.3.2　设置工作平面至物件

设置工作平面至物件，可以在作业视图中将工作平面移动到物件上。物件可以是曲线、平面或曲面。

1. 设定工作平面至曲线

在Front视图中创建一个矩形，如图2-34所示。在"工作平面"标签下单击"设定工作平面至物件"按钮 ，在Perspective视图中选中要定位的工作平面的曲线，然后将自动建立新的工作平面。该工作平面的某一个轴与曲线相切，如图2-35所示。

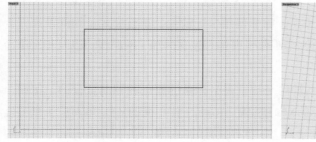
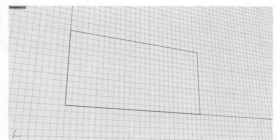

图2-34　　　　　　　　　　　　　　　　　图2-35

2. 设定工作平面至曲面

在"工作平面"标签下单击"设定工作平面至曲面"按钮 ，选择要定位工作平面的曲面，按Enter键接受预设值，如图2-36所示。工作坐标系移动到曲面指定位置，至少有一个工作平面与曲面相切，如图2-37所示。

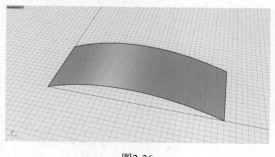

图2-36

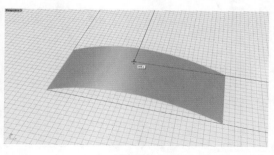

图2-37

2.4　工作视图

2.4.1　预设工作视图

工作视图可分为3个工作视图、4个工作视图和最大化工作视图，也可以新增工作视图。打开Rhino 7软件时，默认为4个工作视图，如图2-38所示。

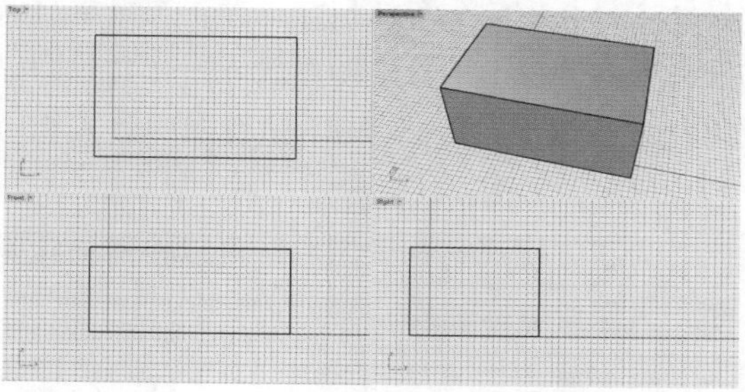

2.4.2　导入背景图片辅助建模

对于一些比较复杂的模型，需要实物图片或概念设计草图作为建模的参考，以提高建模的准确率和速度。使用背景图命令可以在工作视图中放置和调整背景图，以作为描绘和设计分析的参考。

图2-38

作为建模辅助，背景图不会出现在渲染图像中。一个工作窗口只能放置一个背景图，并且背景图本身不可以进行缩放、移动、旋转等操作。

1. 导入背景图片

在Front视图中右击左上角的Front选项，在弹出的快捷菜单中，选择"背景图"/"放置"命令，如图2-39所示。

在打开的"打开位图"对话框中，选取图片文件，如图2-40所示。在视图中指定图像的一个角(可借助正交模式或物件锁点确定方向)，然后指定另一点或输入长度。

图2-39

图2-40

2. VR眼镜导入案例

(1) 运行Rhino 7软件。

(2) 在Top视图中右击Top选项，在弹出的快捷菜单中，选择"背景图"/"放置"命令，打开"打开位图"对话框。选择本案例素材文件夹中的俯视图图片，即可放入一张背景图。用此方法依次在Front和Right视图中放入相应的背景图，如图2-41所示。

为了方便观察背景图片，可以将网格线隐藏，只保留坐标轴线。

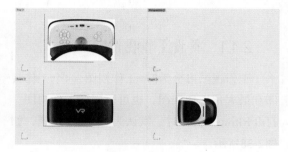

图2-41

技术要点

导入的背景图片建议提前在平面软件中将轮廓线以外部分切除，并调整好三视图的大小，这样方便设立正确的参考点和控制缩放的显示框。

(3) 在Top视图中，单击"对齐背景图"按钮🔳，在背景图上选择一点作为基准点，另外选择一点作为参考点。然后在工作平面上单击一点作为基准点到达的位置，再单击一点作为参考点到达的位置，即可完成Top背景图的对齐，如图2-42所示。

图2-42

技术要求

建议选择坐标原点作为工作平面上的基准点，输入方法是在指令提示行中输入0，软件会自动捕捉到原点位置，另一参考点可以输入数值300进行定位，利于其他视图参照。

(4) 按照同样的方法对齐Front视图和Right视图。在Right视图中执行"对齐背景图"命令时，要在Z轴上进行工作平面基准点的绘制，这可以使VR眼镜的宽度与主视图的宽度保持一致，确保图片比例正确，如图2-43所示。

> **技术要点**
>
> 在调节背景图比例时，通过"直线尺寸标注"按钮 标注出各视图背景图片的尺寸，这样可以确保三视图比例正确。建议将图片的尺寸调整为整数。

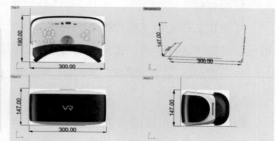

图2-43

2.5　图层

图层可以用来组织物件，可以同时对一个图层中的所有物件做同样的改变。选中物体，可以在图层工具栏中对该物体进行属性上的改变，包括改变颜色、隐藏或显示物体，还可以解决编辑的物体可见性不足的问题，更利于导入KeyShot软件中渲染出图。

新图层 ：新建的图层。新图层以递增的数自动命名，可以使用右击的快捷菜单或选取某个图层，再以点选图层的方式编辑图层名称，如图2-44所示。

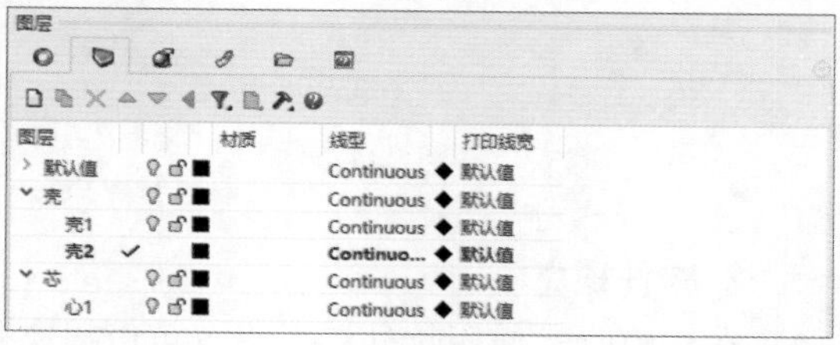

新子图层 ：在选取的图层中再次建立一个新图层。

图2-44

删除图层 ：删除选取的图层。

上移 ：将选取的图层在图层列表中往上移。

下移 ：将选取的图层在图层列表中往下移。

上移一个父图层 ：将选取的子图层移出它的父图层。

2.6　环境设置

2.6.1　单　位

在Rhino软件中，单位选项可以根据使用者的需要，灵活地更改度量单位。绝对公差影响建模的准确程度，用户可以根据建模准确程度的要求调整绝对公差的数值。在建模时，模型单位一般设置为毫米，默认的绝对公差为0.001，如图2-45所示。

图2-45

2.6.2 建模辅助

1. 操作轴

打开状态栏上的"操作轴",如图2-46所示。当选中物件时会自动显示操作轴,通过操作轴可以对物体进行移动、选择,也可以缩放物件、曲面和节点。

| 锁定格点 | 正交 | 平面模式 | 物件锁点 | 智慧轨迹 | **操作轴** | 记录建构历史 | 过滤器 | 内存使用量: 421 MB |

图2-46

Front视图操作轴的功能示意,如图2-47所示。Perspective视图操作轴的功能示意,如图2-48所示。若想输入精确的数字移动距离,双击操作轴,在出现的对话框中输入数字即可,还可以输入缩放倍数和旋转角度。

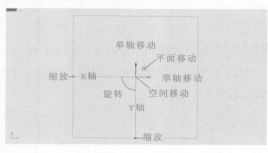

图2-47   图2-48

2. 物件锁点

在建模时,使用物件锁点设置可以提高建模精度。选择状态栏上的"物件锁点"选项,勾选复选框即可启用物件锁点,如图2-49所示。启用物件锁点时,将鼠标光标移动到物件的某个可以锁定的点附近时,鼠标会吸附在那个点上。物件锁点可以连续使用,也可以单次使用。

物件锁点命令包含:端点、最近点、点、中点、中心点、交点、垂点、切点、四分点、节点、顶点、投影、停用。

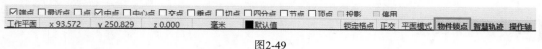

图2-49

3. 快捷键

Rhino 7的菜单中显示了某些命令的快捷键,在"选项"对话框的"键盘"页面中,也可设置快捷键的属性。常用的快捷键,如图2-50所示。

4. 记录建构历史

记录建构历史功能,用于更新有建构历史记录的物件。建构历史更新启用时,放样曲面的造型可以用编辑输入曲线的方式改变。

常用快捷键			
Esc	取消选择或终止操作	Ctrl+N	新建一个文档
F1	打开帮助文件	Ctrl+O	打开一个文件
F2	打开历史指令	Ctrl+S	保存文件
F3	切换到物件属性栏	Ctrl+P	打印设置
F6	显示或隐藏摄像机	Ctrl+Z	取消
F7	显示或隐藏表格	Ctrl+A	选择全部物体
F8	打开或关闭正交模式	Ctrl+Y	重复
F9	打开或关闭锁定格点	Ctrl+X	剪贴
		Ctrl+C	拷贝到剪贴板
		Ctrl+V	粘贴
		Delete	删除

图2-50

绘制一条曲线，在状态栏中打开"记录建构历史"，如图2-51所示。单击"旋转成形"按钮 💡，旋转成形曲面，如图2-52所示。根据所需的外观造型进行调整，可以再次调整初始的线型轮廓线的控制点，如图2-53所示。物件的外形会随着轮廓线的更新而变化，这种变化是实时的，如图2-54所示。

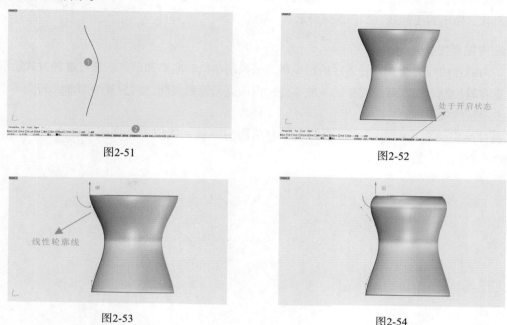

图2-51　　　　　　　　　　　　　　　　　　图2-52

图2-53　　　　　　　　　　　　　　　　　　图2-54

技术要点

旋转成形过程中，"记录建构历史"要一直处于开启状态，如果没有开启，需要回到曲线绘制步骤，再次调整曲线后旋转成形，保证每个步骤都记录建构历史并处于关联状态。

2.7　Rhino 7核心建模工具

2.7.1　曲线绘制工具

在Rhino 7操作过程中，NURBS曲线是构建模型的基础，也是读者学习后面的曲面构建、曲面编辑、实体编辑等内容的入门知识。NURBS曲线也称自由造型曲线，其曲率和形状是由CV控制点和EP编辑点共同控制的。

本节重点讲述较为常用的曲线绘制命令，希望通过学习，读者可以轻松掌握Rhino 7的NURBS曲线绘制与编辑功能。NURBS曲线绘制工具，如图2-55所示。

图2-55

1. 控制点曲线

"控制点曲线"命令,是通过控制点来控制曲线的曲率和形状。在实际操作中,控制点越少曲线越光滑,形成面的质量越好。

该命令的控制点在曲线外部,不易控制曲线形状,但通过添加CV点,可以改变曲线的曲率和形状,做出需要的线,如图2-56所示。

2. 内插点曲线

"内插点曲线"命令,是通过确定编辑点来控制曲线的曲率和形状。通过这种方式绘制的曲线更容易控制。在实际建模中,一般不使用内插点来绘制曲线,因为其绘制曲线的曲率不如控制点曲线的效果理想。

通过确定编辑点的方式可以更好地控制曲线的形状,适用于精度要求较高的模型,如图2-57所示。

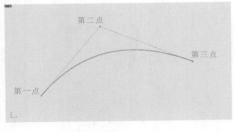

图2-56

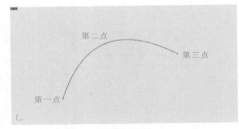

图2-57

3. 弹簧线

"弹簧线"命令,用于绘制弹簧线。

首先在视图中绘制弹簧线的轴线,并确定轴的起点和终点,如图2-58所示。然后确定弹簧线的半径和方向,再确定轴的起点、终点和半径,如图2-59所示。

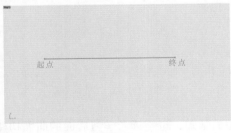

图2-58

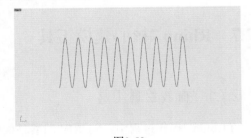

图2-59

也可以在命令行中修改弹簧线的圈数和螺距:

输入圈数,螺距会自动调整,同时在图中可以进行预览;

输入螺距,圈数会自动调整,同时在图中可以进行预览。

4. 螺旋线

"螺旋线"命令,用于绘制螺旋线。

首先在视图中绘制螺旋线的轴线,并确定轴的起点和终点,如图2-60所示。然后在命令行中分别输入第一半径和第二半径,按空格键结束命令,如图2-61所示。

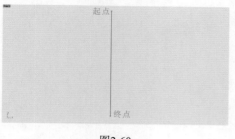

图2-60

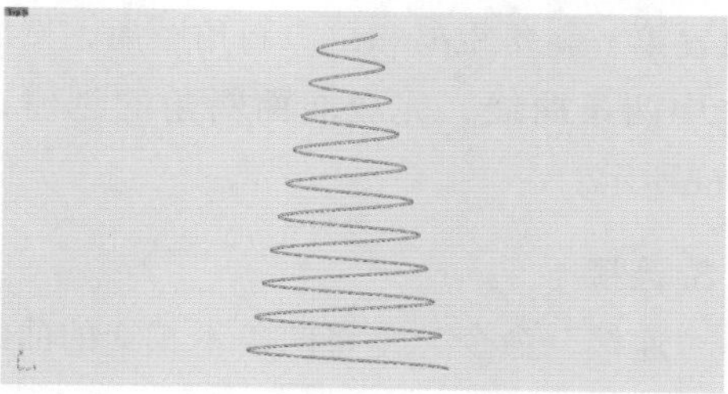

图2-61

5. 在两条曲线之间建立均分曲线 ⌒

绘制两条曲线，单击"在两条曲线之间建立均分曲线"按钮 ⌒，选择要均分的两条曲线，如图2-62所示。在命令行中设置均分曲线的数目为3，按空格键结束操作，如图2-63所示。

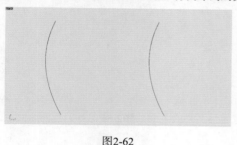

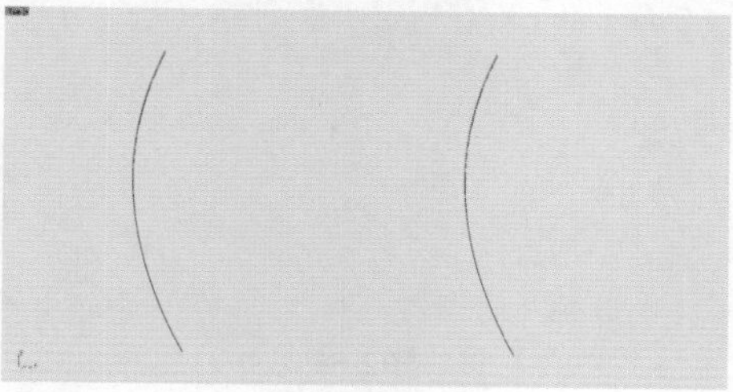

图2-62

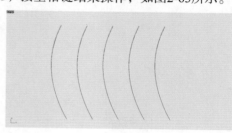

图2-63

2.7.2　曲线操作与编辑工具

1. 曲线圆角 ⌐

"曲线圆角"命令，是在两条曲线之间添加与两条线都相切的一段圆弧。

绘制两条相交的曲线，如图2-64所示。单击"曲面圆角"按钮 ⌐，在命令行中设置圆角半径为4mm，依次选中这两条曲线，完成曲面圆角的创建，如图2-65所示。

图2-64

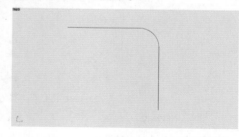

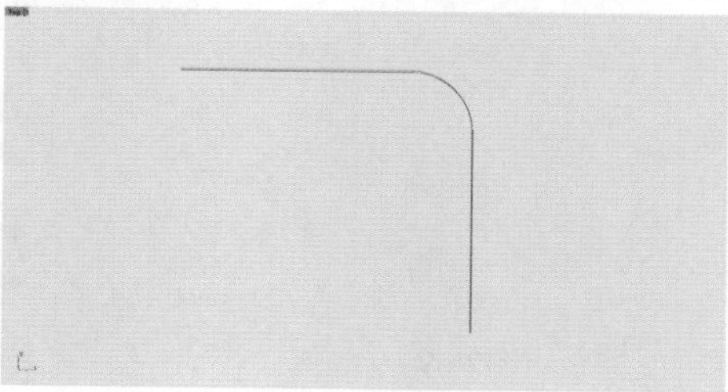

图2-65

技术要点

若两条线不相交，也可以进行倒圆角。

2. 曲线斜角 ⌐

"曲线斜角"命令，是在两条曲线之间添加一个角，曲线斜角倒出的角是直线。

该命令操作与绘制曲线圆角相似，区别在于绘制曲线斜角需要在命令行中选择距离，分

23

别设置第一斜角距离和第二斜角距离，然后依次选中两条曲线，完成曲面斜角的创建，如图2-66所示。

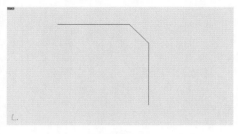

图2-66

3. 连接 ⊤

"连接"命令，是将两条不相交的曲线以直线的方式连接。

绘制两条不相连的曲线，如图2-67所示。单击"连接"按钮 ⊤ ，依次选中要延伸交集的两条曲线，两条不相交的曲线完成连接，如图2-68所示。

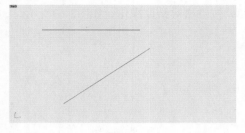
图2-67

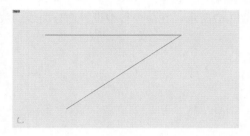
图2-68

4. 可调式混接 🦐

"可调式混接"命令，可在两条曲线或曲面边缘建立动态调整的混接曲线。

绘制两条曲线，如图2-69所示。在"曲线工具"标签下，单击"可调试混接曲线" 🦐 按钮，依次选中这两条曲线，会弹出"调整曲线混接"对话框，如图2-70所示。默认选项后，单击"确定"按钮结束命令，两条曲线完成连接，如图2-71所示。

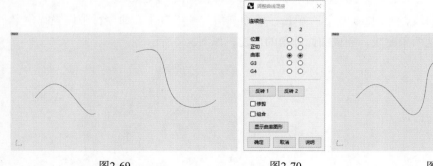

图2-69　　　　图2-70　　　　图2-71

"调整曲线混接"对话框中，各选项的含义如下。

"连续性"：曲线与曲线之间的曲线连接质量，包括位置连续G0、正切连续G1、曲率连续G2、G3连续和G4连续。简易混接曲线其实就是G1连续曲线。

"反转"：反转曲线连接的方向。

"修剪"：混接曲线将与原参考曲线分类，形成独立曲线。

"组合"：混接曲线将与原参考曲线组合成完整的一条曲线。

"显示曲率图形"：选择此复选框，将显示曲率梳。

5. 弧形混接 ⌐

"弧形混接"命令，是将两个相切且连续的圆弧组成混接曲线。

绘制两条直线，如图2-72所示。在"曲线工具"标签下单击"弧形混接"按钮 ⌐，依次选中两条曲线，右击结束操作，如图2-73所示。

图2-72

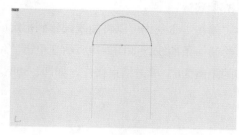

图2-73

6. 衔接 ∿

"衔接曲线"命令，用于调整两条曲线的几何连续性。

绘制两条曲线，如图2-74所示。在"曲线工具"标签下，单击"衔接曲线"按钮 ∿，依次选中这两条曲线，弹出"衔接曲线"对话框，如图2-75所示。在"连续性"选项区设置"曲率"连续，在"维持另一端"选项区设置"位置"连续，单击"确定"按钮，完成曲线匹配，如图2-76所示。

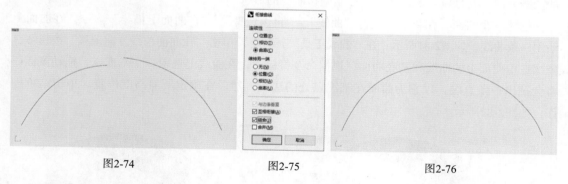

图2-74　　　　　　　　　图2-75　　　　　　　　　图2-76

7. 对称 ⌒

"对称"命令，可以建立具有对称性质的曲线或者曲面。该工具和"变动"标签中的"镜像"工具相似，但"镜像"工具可以针对任何3D物件，"对称"工具仅仅针对曲线及曲面。

绘制一条曲线和它的轴线，如图2-77所示。在"曲线工具"标签下，单击"对称"按钮 ⌒，选中要对称的曲线，依次确定对称平面的起点和终点，按Enter键或单击结束操作，如图2-78所示。

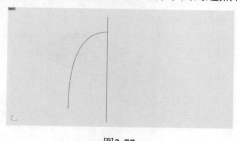

图2-77

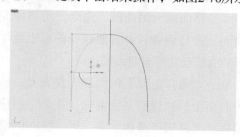

图2-78

> **技术要点**
> "对称"命令的操作与记录建构历史的操作相似，对称后的物件会随着原物件的更新而变化。

8. 偏移

"偏移"命令，可以将曲线偏移到指定的距离位置，并保留原曲线。

绘制一条曲线，如图2-79所示。单击"偏移曲线"按钮，选择曲线，在命令行中输入要偏移的距离为6，单击结束操作，如图2-80所示。

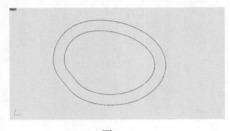
图2-79

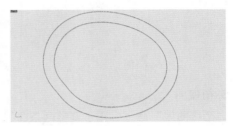
图2-80

9. 往曲面法线方向偏移

"往曲面法线方向偏移"命令，主要用于对曲面上的曲线进行偏移。曲线偏移方向为曲面的法线方向，并且可以通过多个点控制偏移曲线的形状。

创建一个曲面，在菜单栏执行"曲线"/"自由造型"/"在曲面上描绘"命令，在曲面上绘制一条曲线，如图2-81所示。在"曲线工具"标签下，单击"往曲面法线方向偏移"按钮，依次选中曲面上的曲线和基底曲面，根据命令行提示，在曲线上选取一个基准点，拖动鼠标，将会拉出一条直线，以它为曲面在基准点处的法线，然后在确定所需高度位置，单击结束操作，如图2-82所示。

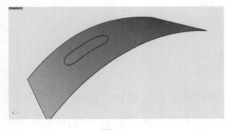
图2-81

图2-82

10. 偏移曲面上的曲线

"偏移曲面上的曲线"命令，可以使曲线在曲面上进行偏移，并且曲线在曲面上延伸后得到的曲线会延伸至曲面的边缘。

单击"偏移曲面上的曲线"按钮，依次选中曲面上的曲线和基底曲面，在命令行中输入偏移距离并选择偏移方向，然后按Enter键或右击完成命令，如图2-83所示。

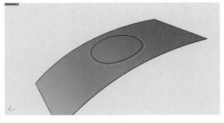
图2-83

11. 延伸

"延伸"命令，主要是对NURBS曲线进行长度上的延伸。延伸方式包括原本的、直线、圆弧、平滑4种。

按照命令行提示选中需要延伸的曲线，输入需要延伸的长度，按空格键确定，右击结束操作，如图2-84所示。

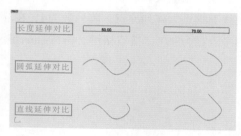

图2-84

12. 调整封闭曲线的接缝

"调整封闭曲线的接缝"命令，可以调整多个封闭曲线之间的接缝位置。在建立放样曲面时，此功能可以使建立的曲面更加顺滑。

为了清晰表达接缝在建立放样曲面时的重要性，下面以放样曲面为例进行封闭曲线接缝调整。

绘制三个不规则圆形，将其由小到大展开，如图2-85所示。在菜单栏执行"曲面"/"放样"命令，依次选取3条封闭的要放样的曲线，按Enter键或右击结束命令，如图2-86所示。

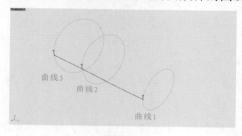

图2-85

图2-86

返回放样曲面建立之前的状态，重新执行"曲面"/"放样"命令，选中要放样的曲线，然后选中"曲线1"的接缝标记点，沿着曲线移动接缝，如图2-87所示。右击弹出"放样选项"对话框，单击"确定"按钮，完成放样曲面的创建，如图2-88所示。

图2-87

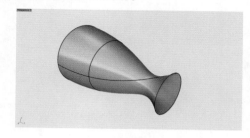

图2-88

对比前后两次操作的接缝后的效果，不难看出，如果多条封闭曲线的接缝不在同一位置，需要调整接缝使其曲面变得光滑，该命令的重要性不言而喻。

13. 从断面轮廓线建立曲线

"从断面轮廓线建立曲线"命令，可以建立通过数条轮廓线的断面线，快速地建立网格曲面。

绘制一条曲线和一条轴线，如图2-89所示。在"变动"标签下，单击"环形阵列"命令，以轴线上端点为阵列原点，阵列数为4，在Top视图中选择第一参考点，然后在命令行中输入第二参考点数为360°，按空格键，再按Enter键或右击结束操作，如图2-90所示。

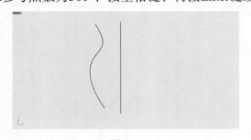

图2-89

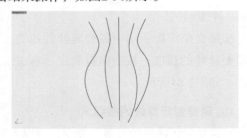

图2-90

在"曲线工具"标签下，单击"从断面轮廓线建立曲线"按钮，依次选取4条轮廓曲线，按Enter键确认。选择断面线起点和终点，自动创建断面，如图2-91所示。

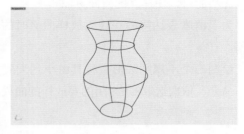

图2-91

技术要点

断面线的起点和终点不一定非要在轮廓线上，但必须完全通过轮廓曲线，否则无法建立断面线。

14. 重建

"重建"命令，可通过设定的控制点数和阶数重建曲线、挤出物件或曲面，使曲线更加顺滑，提高曲面质量。

绘制一条曲线，如图2-92所示。单击"重建曲线"按钮，选择曲线，右击弹出"重建"对话框，设置参数，单击"确定"按钮结束操作，如图2-93所示。

图2-92

图2-93

15. 截断

"截断"命令，是将曲线从中间截断，由1条曲线变为2条分开的曲线。

单击"截断曲线"按钮，在曲线上确定删除的起点，再确定截断的终点，如图2-94所示。

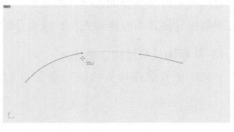

图2-94

2.7.3　曲面绘制工具

1. 指定三或四个角建立曲面

"指定三或四个角建立曲面"命令，可以将空间上的三个或四个点之间连线，形成闭合区域。

创建两个平面，如图2-95所示。在主工具列中，单击"指定三或四个角建立曲面"按钮，选中需要连接的4个边缘端点，自动建立平面曲面，如图2-96所示。

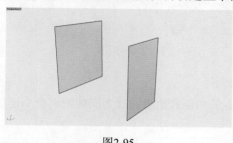
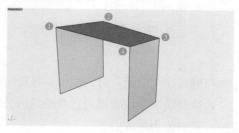

图2-95　　　　　　　　　　　　　　　　　　　　图2-96

2. 以平面曲线建立曲面

"以平面曲线建立曲面"命令，可以将一个或多个同一平面上的闭合曲线创建为平面，并且创建的面是修剪曲面。使用该命令的前提必须是闭合的，且是同一平面上的曲线，当选取开放或空间曲线来执行此命令时，命令栏会提示创建曲面出错的原因。如果某条曲线完全包含在另一条曲线之中，这条曲线将会被视为一个洞的边界。

创建一个立方体，如图2-97所示。单击"以平面曲线建立曲面"按钮，依次选中立方体的4个外露边缘建立曲面的平面曲线，按Enter键或右击结束操作，如图2-98所示。

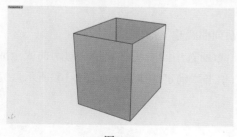
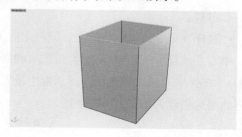

图2-97　　　　　　　　　　　　　　　　　　　　图2-98

3. 从网线建立曲面

"从网线建立曲面"命令，是以网线建立曲面，所有在同一方向上的曲线必须与另一方向上所有的曲线交错。

创建一个曲面，如图2-99所示。单击"从网线建立曲面"按钮，依次选择曲线，右击弹出"以网线建立曲面"对话框，设置参数，

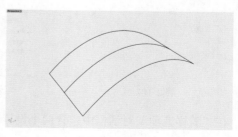

图2-99

单击"确定"按钮结束操作，如图2-100所示。完成曲面的创建，如图2-101所示。

图2-100

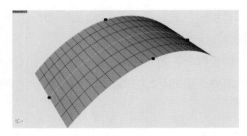

图2-101

"以网线建立曲面"对话框中，各选项的含义如下。

"边缘曲线"：设置逼近边缘曲线的公差，建立的曲面和边缘曲线之间的距离会小于这个设置值，预设值为系统公差。

"内部曲线"：设置逼近内部曲线的公差，建立的曲面和内部曲线之间的距离会小于这个设置值，预设值为系统公差×10。如果输入的曲线之间的距离远大于公差设置，这个指令会建立最适当的曲面。

"角度"：如果输入的边缘曲线是曲面的边缘，并且建立的曲面和相邻的曲面以相切或曲率连续相接时，两个曲面在相接边缘的法线方向的角度误差会小于这个设置值。

"边缘设置"：设置曲面或曲线的连续性。

"松弛"：建立的曲面的边缘以较宽松的精确度逼近输入的边缘曲线。

"位置/相切/曲率"：三种曲面的连续性。

4. 放样 ↗

"放样"命令，可用空间上、同一走向上的一系列曲线建立曲面。

单击"放样"按钮 ↗，选择如图2-102所示的曲线(所选中的曲线必须是全封闭的或全部开放的)。在弹出的"放样选项"对话框中设置参数，单击"确定"按钮，如图2-103所示。完成放样曲面的创建，如图2-104所示。

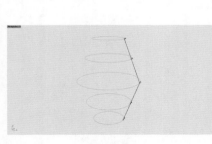

图2-102

图2-103

图2-104

在"放样选项"对话框中包含两个设置选项区，即"样式"和"断面曲线选项"。其中，"样式"选项区中包含"标准""松弛""紧绷""平直区段""均匀"，这些选项可对面的成形状态进行改变，操作较为简单，这里不再逐一讲解。

"断面曲线选项"选项区中，各选项的含义如下。

"对齐曲线"：当放样面发生扭转时，点选断面曲线靠近端点处可以反转曲线的对齐方向。

"不要简化"：不重建断面曲线。

"重建点数"：在放样前以指定的控制点数重建断面曲线。

"重新逼近公差"：以设置的公差整修断面曲线。

> **技术要点**
>
> 该命令的成面条件必须是两条以上，其他的无特定要求。

5. 直线挤出 📄

"直线挤出"命令，将曲线沿着与工作平面垂直的方向挤出，建立曲面或实体。

绘制一个圆形，如图2-105所示。在"曲面工具"标签中单击"直线挤出"按钮📄，选择圆形曲线，在命令行中输入挤出长度，按Enter键或右击完成命令，如图2-106所示。

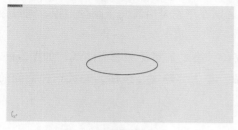
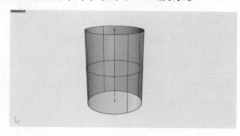

图2-105　　　　　　　　　　　　　　图2-106

6. 沿着曲线挤出 📄

"沿着曲线挤出"命令与"直线挤出"命令相似，区别在于它是沿着一条曲线进行挤出成面。

先绘制出截面曲线和路径曲线，如图2-107所示。单击"沿着曲线挤出"按钮📄，选择要挤出的曲线，右击或按Enter键确定后，再单击路径曲线的起点，然后生成如图2-108所示的曲面。

图2-107　　　　　　　　　　　　　　图2-108

7. 单轨扫掠 📄

"单轨扫掠"命令，是以截面曲线沿着路径曲线扫掠而成。

绘制一条路径曲线和断面曲线，如图2-109所示。单击"单轨扫掠"按钮📄，选择路径曲线，再选择断面曲线，选择默认移动曲线接缝点位置后，会弹出"单轨扫掠"对话框，单击"确定"按钮，完成扫掠曲面的建立，如图2-110所示。

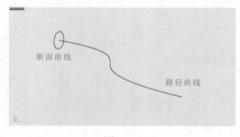

图2-109

图2-110

技术要点

断面曲线和路径曲线在空间交错；路径曲线数目只能有一条，断面曲线路径无限制。

8. 双轨扫掠

"双轨扫掠"命令与"单轨扫掠"原理相似，区别在于它是沿着两条路径扫掠，通过数条定义曲面形状的断面曲线建立曲面。

单击"双轨扫掠"按钮，分别选择第一条路径、第二条路径和断面曲线，如图2-111所示。右击弹出"双轨扫掠选项"对话框，设置参数，单击"确定"按钮，完成扫掠曲面的建立，如图2-112所示。

图2-111

图2-112

9. 旋转成型

"旋转成型"命令，是以一条轮廓曲线绕着中心轴线旋转建立曲面。

通过水杯案例进一步理解该命令，单击"旋转成型"按钮，选择如图2-113所示的曲线。指定旋转轴的起点和终点，在命令行设置起始角度为"否"，然后输入旋转角度为360°，按Enter键结束操作，如图2-114所示。

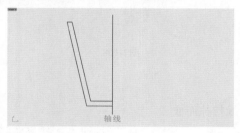

图2-113

图2-114

在"旋转成型"命令中，右键为"沿着路径旋转"。它是以一条轮廓曲线沿着一条路径曲线，同时绕着中心轴旋转建立曲面。下面以案例讲解该命令如何使用。

右击"沿着路径旋转"按钮，根据命令行提示依次选取轮廓曲线和路径曲线，如图2-115所示。继续按提示选取路径旋转轴起点和终点，自动建立旋转曲面，如图2-116所示。

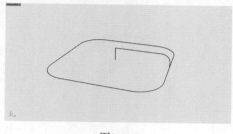

图2-115

图2-116

2.7.4　曲面操作与编辑工具

1. 曲面圆角

"曲面圆角"命令，是在两个曲面之间建立半径固定的圆角曲面。

绘制两个相接曲面，如图2-117所示。单击"曲面圆角"按钮，在命令行中输入半径数值为20mm，分别选中要建立圆角的第一个曲面和第二个曲面，完成圆角创建，如图2-118所示。

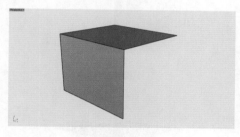

图2-117

图2-118

若两个面呈相交状态，如图2-119所示。在命令行中选择"修剪"，然后直接单击要保留的部分，曲面倒角就会将不需要的部分修剪掉，如图2-120所示。

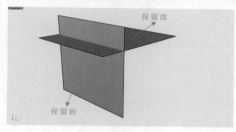

图2-119

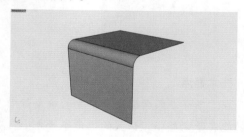

图2-120

2. 延伸曲面

"延伸曲面"命令,可以使曲面像曲线一样进行延伸,但所要延伸的曲面必须是未修剪的。

单击"延伸曲面"按钮 ,选择圆管曲面边缘,如图2-121所示。延伸至点(或在命令行中输入延伸长度),然后单击结束操作,如图2-122所示。

图2-121

图2-122

3. 不等距曲面圆角

"不等距曲面圆角"命令与曲面圆角一样,都是进行曲面间的倒角,区别在于它可以通过控制点改变圆角的大小,倒出不等距的圆角。

绘制两个相接曲面,单击"不等距曲面圆角"按钮 ,在命令行中输入圆角半径数值为10,再分别选取要做不等距圆角的第一个曲面和第二个曲面,如图2-123所示。

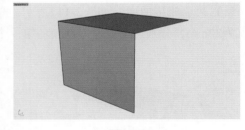
图2-123

选择圆角控制杆,在命令行中设置新的圆角半径为5,如图2-124所示。同时,设置"修剪并组合"选项为"是",按Enter键或右击结束操作,如图2-125所示。

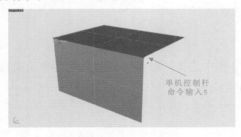
单机控制杆
命令输入5
图2-124

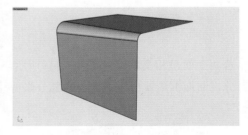
图2-125

技术要点

在"不等距曲面圆角"命令的命令行中,常用选项为"新增控制杆"和"移除控制杆",其功能在于调整指定位置的圆角半径大小。在调节控制杆时,可以在命令行中输入具体数值,也可以手动拖曳控制杆进行调整。

本案例主要讲解不等距曲面圆角的操作,与其同类型命令的不等距曲面斜角的操作原理相同,此处不再赘述,建议读者尝试练习。

4. 混接曲面

"混接曲面"命令，可在两个曲面之间建立平滑的混接曲面。

绘制两个曲面，如图2-126所示。单击"混接曲面"按钮 ，选择命令行中的"连锁边缘"选项，再选中第一条边缘和第二条边缘，在弹出的"调整曲面混接"对话框中设置参数，单击"确定"按钮，如图2-127所示。完成混接曲面，如图2-128所示。

图2-126

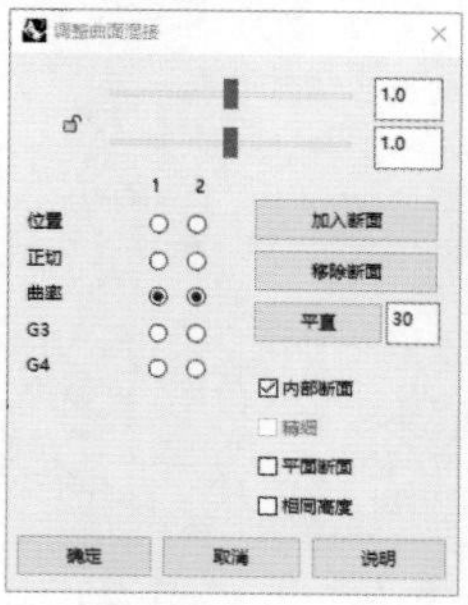

图2-127

图2-128

"调整曲面混接"对话框中，各选项含义如下。

 ：解开锁定，解锁后可以单独拖动滑块杆来调节单侧曲面的转折大小。

 ：锁定，锁定后拖动滑块杆，将同时更改两侧曲面的转折大小。

 ：滑块杆，用于改变曲面转折大小的控制杆。

"位置""正切""曲率""G3""G4"：连续性选项，可以单选单侧的连续性选项，也可以同时选择两侧的连续性选项。

"加入断面"：当混接曲面过于扭曲时，可以控制混接曲面更多位置的形状，如图2-129所示。

"平面断面"：使混接后的所有断面为平面，并与指定方向平行。

"相同高度"：当混接的两个曲面边缘之间的距离有变化时，该选项可以让混接曲面的高度维持不变。

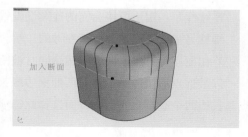
图2-129

5. 偏移曲面

"偏移曲面"命令，可以通过设置偏移距离和偏移方向将目标曲面进行偏移。偏移曲面可以得到曲面或实体。

在菜单栏中，执行"实体"/"文字"命令，弹出"文本物件"对话框。在文本框中输入Rhino 7字样，设置为曲面，单击"确定"按钮，如图2-130所示。

在Top视图中放置文字，单击"偏移曲面"按钮 ，选择要偏移的Rhino 7曲面，右击后在命令行中输入偏移距离为1mm，并设置"实体=是"，右击完成偏移曲面的建立，如图2-131所示。

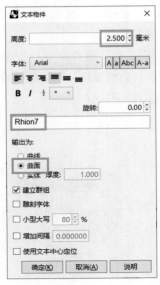

图2-130

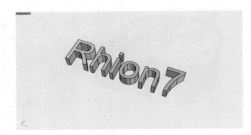

图2-131

6. 衔接曲面

"衔接曲面"命令，用来调整曲面的边缘与其他曲面形状的连续性。

绘制两个曲面，如图2-132所示。单击"衔接曲面"按钮 ，选中要改变的未修剪一端的曲面边缘，再选取要衔接的曲面边缘，弹出"曲面衔接"对话框，如图2-133所示。

"曲面衔接"对话框中，各选项的含义如下。

"连续性"：用于衔接曲面的连续性设置。

"维持另一端"：作为衔接参考的一端。

"互相衔接"：用于曲面的两端同时被衔接。

"以最近点衔接边缘"：对两曲面边缘长短不一的情况较为有用。正常的衔接是短边两个端点与长边两个端点对齐衔接，而选择此选项后，是将短边直接拉出至长边进行投影衔接。

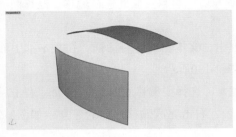

图2-132

图2-133

　　"精确衔接"：用于检查两个曲面衔接后边缘的误差是否小于设定的差，此选项可以使两个曲面衔接的边缘误差小于设定的公差范围。

　　"结构线方向调整"：设定衔接时曲面结构线的方向如何变化。

　　从预览中可以看出，默认生成的衔接曲面无法同时满足两侧曲面的连接条件。此时，需要在对话框中设置"精确衔接"选项，选择此复选框后，其他选项不变，单击"确定"按钮，可得到较为理想的两个曲面衔接的效果，如图2-134所示。完成衔接的曲面效果，如图2-135所示。

图2-134

图2-135

2.7.5　实体绘制工具

基本几何形体，包括立方体、球体、圆柱体等，是构成物理世界最基础的形体。

1. 立方体

　　"立方体"命令，用于绘制立方体。先根据命令行提示确定立方体底面的大小，然后确定立方体的高度，依此来绘制立方体。

　　单击"立方体"按钮，在视图中分别确定底面的第一角、底面的另一角或长度，如图2-136所示。在命令行输入任意高度，按Enter键或右击结束操作，如图2-137所示。此外，可在命令行中选择多种方式绘制立方体，读者可自行练习。

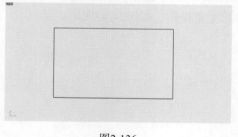

图2-136

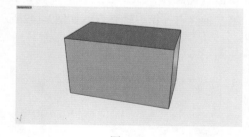

图2-137

2. 圆柱体

　　"圆柱体"命令，用于绘制柱形体，就是常见的圆柱体和圆柱形管道。创建圆柱体的基本方法是指定圆心、圆柱体半径和圆柱体高度。

　　在菜单栏中执行"实体"/"圆柱体"命令，在视图中任选一点为圆心，如图2-138所示。输入圆柱底面半径数值，再确定圆柱体端点位置的距离，单击结束操作，如图2-139所示。

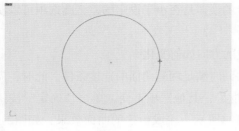

图2-138

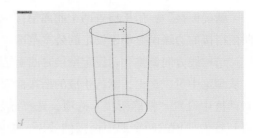

图2-139

3. 球体

"球体"命令，根据设定球体的半径来建立球体。

单击"球体：中心点、半径"按钮 ，在视图中确认球体中心点，如图2-140所示。在命令行中输入半径数值，右击结束操作，图2-141所示。此外，可在命令行中选择多种方式绘制球体，原理相同，读者可自行练习。

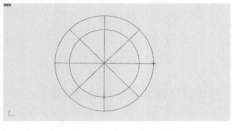

图2-140

图2-141

4. 椭圆体：从中心点

"椭圆体：从中心点"命令，利用该工具可以从中心点出发，根据轴半径建立椭圆截面，然后确定椭圆体的第三轴点。

单击"椭圆体：从中心点"按钮 ，在视图中任意位置确定椭圆体的中心点、第一轴终点、第二轴终点、第三轴终点，如图2-142所示。单击结束操作，如图2-143所示。

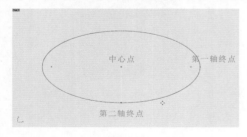

图2-142

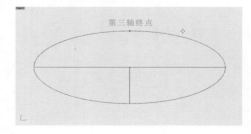

图2-143

5. 圆管

"圆管"命令，用于绘制沿曲线方向均匀变化的圆管，可分为圆管(平头盖)和圆管(圆头盖)，这两种圆管类型的两端封口均为平面。在这里以圆管(平头盖)作为示例。

绘制一条曲线，如图2-144所示。在菜单栏执行"实体"/"圆管"命令，选中创建的曲线，依次在命令行中输入起点半径和终点半径为5，按Enter键结束操作，如图2-145所示。

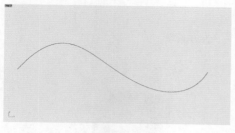

图2-144

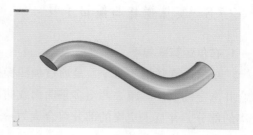

图2-145

技术要点

如果两端圆管的半径相等，则出现的是均匀圆管，如果前后半径不等，或者连续使用该命令在曲线任何位置设定圆管半径，那么可以绘制出不均匀的圆管。

6. 挤出封闭的曲线 📦

"挤出封闭的曲线"命令，用于通过沿着一条轨迹挤压封闭的曲线建立实体。

绘制一条封闭的曲线，如图2-146所示。单击"挤出封闭的曲线"按钮 📦，选中封闭的曲线，设置命令行中的"两侧"和"加盖"选项为"是"，再确定输入挤出长度，按Enter键完成命令，如图2-147所示。

图2-146

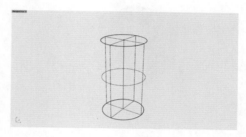

图2-147

7. 挤出曲面 📦

"挤出曲面"命令，是将曲面笔直地挤出实体。

绘制一个曲面，如图2-148所示。在菜单栏中执行"实体"/"挤出曲面"命令，选中挤出的曲面，在命令行中输入挤出长度，按Enter键完成命令，如图2-149所示。

图2-148

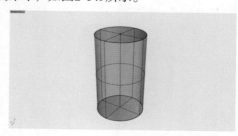

图2-149

技术要点

挤出的曲面不仅是指平面，也可以是不平整的面，操作方法同上。

2.7.6 实体操作与编辑工具

1. 布尔运算联集

"布尔运算联集"命令，是通过加法操作来合并选定的实体。减去两组多重曲面或曲面交集的部分，并且未交集的部分组合成为一个多重曲面。

单击"布尔运算联集"按钮，依次选择如图2-150所示的正方体和球体，按Enter键或右击完成两个实体间的联集。

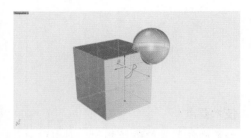

图2-150

2. 布尔运算差集

"布尔运算差集"命令，是通过减法操作来合并选中的曲面或曲面组合。

单击"布尔运算差集"按钮，先选择立方体，右击后再选择球体，如图2-151所示。右击完成布尔差集运算，如图2-152所示。

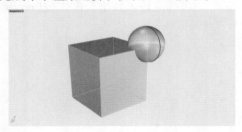

图2-151

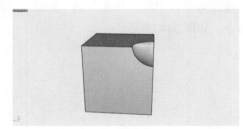

图2-152

3. 布尔运算相交

"布尔运算相交"命令，用于减去两组曲面(或曲面)未交集的部分，使之从重叠部分创建实体。

单击"布尔运算相交"按钮，先选择立方体，右击再选择球体，如图2-153所示。按Enter键或右击结束操作，如图2-154所示。

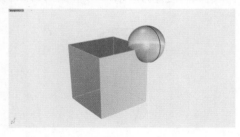

图2-153

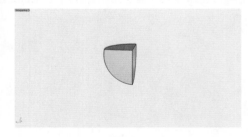

图2-154

4. 布尔运算分割

"布尔运算分割"命令，是将两组多重曲面(或曲面)交集和未交集的部分分别建立多重曲面，既保存差集结果，也保存交集的部分。

单击"布尔运算分割"按钮 📎，先选择立方体，右击后再选择球体，如图2-155所示。右击结束操作，如图2-156所示。

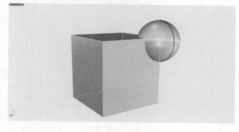

图2-155

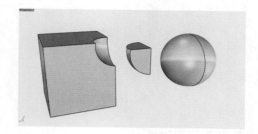

图2-156

5. 自动建立实体 📎

"自动建立实体"命令，将选中的曲面或多重曲面所包围的封闭空间建立实体。

利用圆角矩形和直线挤出命令，建立如图2-157所示的曲面。在Front视图中，绘制两条线并挤出成曲面，如图2-158所示。

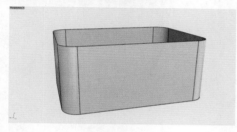

图2-157

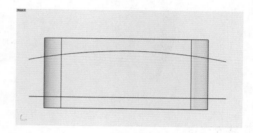

图2-158

单击"自动建立实体"按钮 📎，框选所有曲面，如图2-159所示。右击后自动相互修剪并建立实体，如图2-160所示。

图2-159

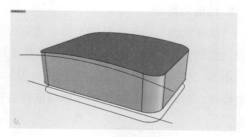

图2-160

6. 封闭的多重曲面薄壳 📎

"封闭的多重曲面薄壳"命令，可以对实体进行抽壳，也就是删除所选的面，余下的部分则偏移建立有一定厚度的实体。利用"曲线工具""旋转成形""将平面洞加盖"等命令绘制一个花瓶，如图2-161所示。

单击"封闭的多重曲面薄壳"按钮 📎，选中封闭的多重曲面要移除的面(并至少留下一个面未选取)，即瓶口曲面作为要移除的面，按Enter键或右击结束操作，如图2-162所示。

图2-161   图2-162

7. 将平面洞加盖

"将平面洞加盖"命令，将物体上的平面洞以新建立曲面的方式封闭。

单击"将平面洞加盖"按钮 ，选择如图2-163所示的立方体边缘，按Enter键或右击结束操作，如图2-164所示。

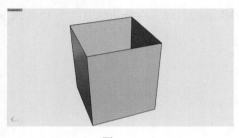 

图2-163   图2-164

> **技术要点**
>
> 如果不是物体平面上的洞，则无法加盖。如果物体不是一个相互组合的曲面，那么也不能加盖。

8. 抽离曲面

"抽离曲面"命令，是将实体中选取的面抽离，选取的曲面会与实体分开，实体中的其他曲面仍然组合在一起。在抽离群组中实体上的曲面时，抽离的曲面同时会移出群组。

单击"抽离曲面"按钮 ，选择如图2-165所示的立方体中的顶部曲面，按Enter键或右击结束操作，可以观察到抽离前实体与抽离后实体的状态，如图2-166所示。

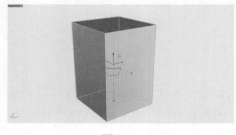 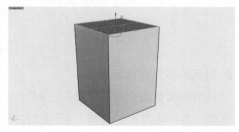

图2-165   图2-166

9. 边缘圆角

"边缘圆角"命令，可以在多重曲面或实体边缘上创建圆角曲面，修剪原来的曲面并与圆角曲面组合在一起。

　　单击"边缘圆角"按钮◉，选择如图2-167所示的立方体的边缘，在命令行中输入半径为3mm，右击结束操作，如图2-168所示。

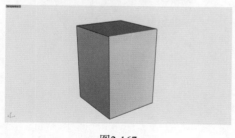
图2-167

图2-168

10. 线切割 ◎

　　"线切割"命令，使用开放或封闭的曲线切割实体。

　　创建一个立方体，再绘制一条曲线，如图2-169所示。单击"线切割"按钮◎，选择曲线，再选择立方体，右击确认，如图2-170所示。确认第一切割深度点和第二切割深度点，根据需要确定切割的方向，在命令行中会提示要切掉的部分是否全部保留，在这里选择"否"，按Enter或右击结束操作，如图2-171和图2-172所示。

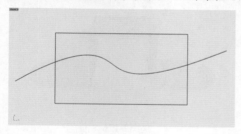
图2-169

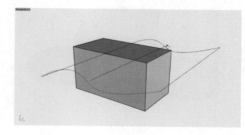
图2-170

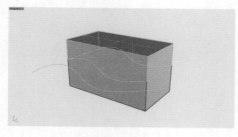
图2-171

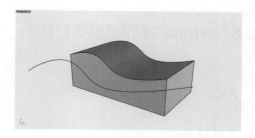
图2-172

11. 打开实体物件的控制点 ◈

　　"打开实体物件的控制点"命令，通过操作或编辑实体对象可以创建一些造型比较复杂的模型。

　　在菜单栏中执行"实体"/"实体编辑工具"/"打开点"命令，选择如图2-173所示的立方体，然后对控制点进行编辑，如图2-174所示。

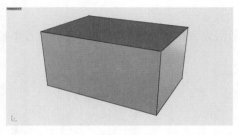

图2-173

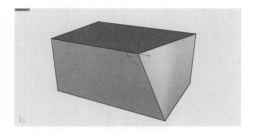

图2-174

技术要点

该命令不能用于球体和椭圆球体上。

12. 建立圆洞 🔲

圆洞是指设计中常见的孔，"建立圆洞"命令可以建立自定义的孔。下面通过钣金零件上的孔进一步讲解该命令。

单击"建立圆洞"按钮 🔲，捕捉到钣金零件圆弧中心点作为孔中心点，如图2-175所示。在命令行中，分别设置圆洞的半径为1、深度为5，设置贯穿为"否"，右击完成钣金件上孔的设计，如图2-176所示。

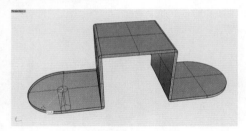

图2-175

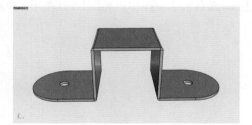

图2-176

2.8 Rhino 7辅助建模工具

2.8.1 复制类工具

1. 移动 ⊡

"移动"命令，可将物件从一个位置移动到另一个位置，只要选择相应的物件后拖动即可。物件也称为对象，Rhino物件包括点、线、面、网格和实体。

在视窗中选取要移动的物件，根据命令行提示，任意选择一个移动的起点，再指定移动的终点，单击结束操作，如图2-177所示。

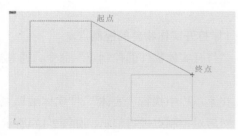

图2-177

技术要点

在选择移动起点和终点时，可以借助"正交"和"物件锁点"功能捕捉现有物件。

2. 复制 ⿰

"复制"命令，是将选定的物体复制出一个副本。

单击"变动"标签下的"复制"按钮 ⿰，选中要复制的物件，确认复制的起点和终点，此时视窗中会出现一个随着鼠标移动的物件预览操作，移动到目标位置后，单击结束操作，如图2-178所示。

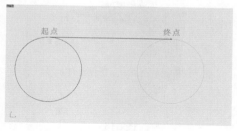

图2-178

3. 旋转 ⿰

"旋转"工具包含了2D旋转和3D旋转，通过单击和右击可以分别控制两种旋转方式。2D旋转和3D旋转的方式本质上是相同的，区别在于2D旋转的旋转轴确定了特殊的方向。

这里示范较为常用的2D旋转命令，该命令可以将物件绕着与工作平面垂直的中心轴旋转，也可在选项中选择"复制"，实现旋转并复制。

单击"旋转"按钮 ⿰，选择如图2-179所示的立方体和球体，然后以原点为旋转中心、角度或第一参考点、第二参考点，右击结束操作，如图2-180所示。

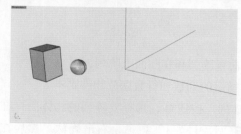

图2-179

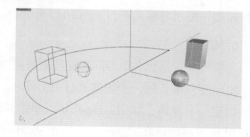

图2-180

4. 缩放 ⿰

"缩放"工具包含单轴缩放、二轴缩放和三轴缩放。

单轴缩放 ⿰：选取的物件只在指定的物件上缩放，而不会整体缩放。选择"单轴缩放"工具 ⿰，选择如图2-181所示的立方体，然后依次确定基准点、缩放比或第一参考点、第二参考点，右击结束命令，如图2-182所示。

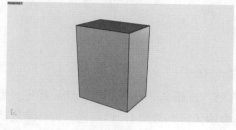

图2-181

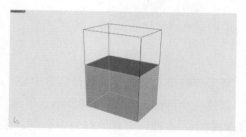

图2-182

二轴缩放 ▦：物件仅在工作平面的X轴、Y轴进行缩放，而不会整体缩放。选择"二轴缩放"▦工具，选择如图2-183所示的立方体，然后依次确定基点、第一参考点、第二参考点，完成缩放，如图2-184所示。

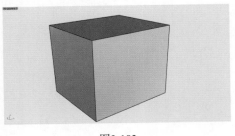
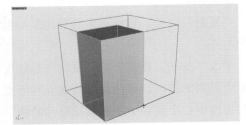

图2-183   图2-184

技术要点

三轴缩放与二轴缩放的操作方法大同小异，这里不再赘述。

5. 镜像 ⊕

"镜像"命令，主要是对物件进行关于参考线的镜像复制操作。

单击"变动"标签中的"镜像"按钮 ⊕，依次选择镜像平面的起点和终点，镜像后的物件与原物件呈现对称关系，如图2-185所示。

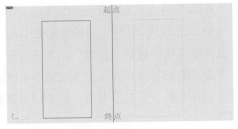

图2-185

6. 阵列

"矩阵"工具包含矩形阵列、环形阵列、沿着曲线阵列和在曲面上阵列。

矩形阵列 ▦：将一个物体进行矩形阵列，即以指定的列数和行数摆放物件副本。

创建一个球体，如图2-186所示。单击"矩形阵列"按钮 ▦，选择要阵列的物体后，在命令行里输入该物件在X方向、Y方向、Z方向上的阵列数目为3、3、3，右击确认。然后在命令行中输入X间距20、Y间距20、Z间距20的距离值，按Enter键或右击结束命令，如图2-187所示。

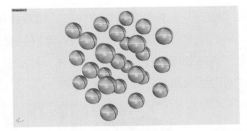

图2-186   图2-187

环形阵列 ⚙：以指定的数目绕着中心点放置复制物体。

创建一个圆形，如图2-188所示。单击"环形阵列"按钮 ⚙，选择圆形，然后确定一个环形阵列的中心点或以坐标原点为中心点，在命令行中输入阵列数值4，然后确定旋转角度或第一参考点、第二参考点，右击结束命令，如图2-189所示。

图2-188

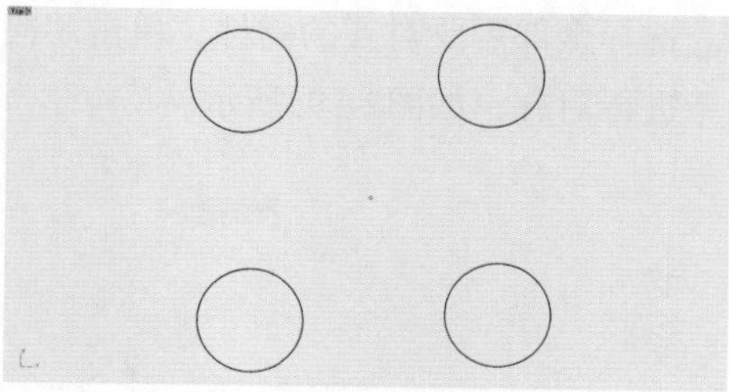

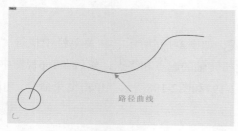

图2-189

沿着曲线阵列 ：沿着曲线以固定间距放置复制的物品。

单击"沿着曲线阵列"按钮 ，选择如图2-190所示的圆形，再选取路径曲线，在命令行中输入阵列的项目数值7或阵列物件之间沿着曲线路径的间距，右击结束命令，如图2-191所示。

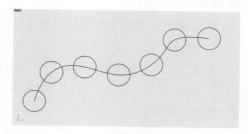

图2-190

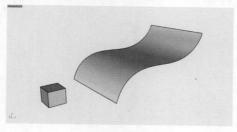

图2-191

在曲面上阵列 ：让物件沿着曲面以指定的列数与栏数的方式摆放物件复本，阵列物件在曲面上的定位是参考曲面的法线方向进行复制。

创建一个曲面和一个立方体，如图2-192所示。单击"在曲面上阵列"按钮 ，选择立方体的任意一点为基准点，即物件上的一点作为参考点，然后根据命令行提示要求指定阵列物件的参考法线，可以默认为使用工作平面Z轴为阵列的参考法线，然后选中目标曲面，输入U方向数值为3，输入V方向数值为3，右击结束操作，如图2-193所示。

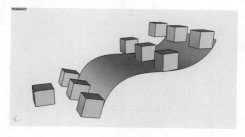

图2-192

图2-193

2.8.2　对齐与扭曲工具

1. 对齐

"对齐"命令，是将物件对齐。

在"变动"标签栏中单击"对齐"按钮 不放，会弹出"对齐"子工具面板，如图2-194

所示。选择全部需要对齐的物件，单击"向上对齐"按钮，则物件将以最上面物件的上边沿为参考进行对齐，如图2-195所示。

图2-194   图2-195

其他对齐命令与向上对齐命令大同小异，在此不一一赘述。

2. 扭转

"扭转"命令，是对物件进行扭曲变形。

创建一个立方体，并绘制出该立方体的中轴线，如图2-196所示。在菜单栏中执行"变动"/"扭转"命令，选择立方体，在中轴线上指定扭转轴的起点和终点，然后在Top视图中输入扭转轴的角度或第一参考点和第二参考点，如图2-197和图2-198所示。单击结束命令，扭曲效果，如图2-199所示。

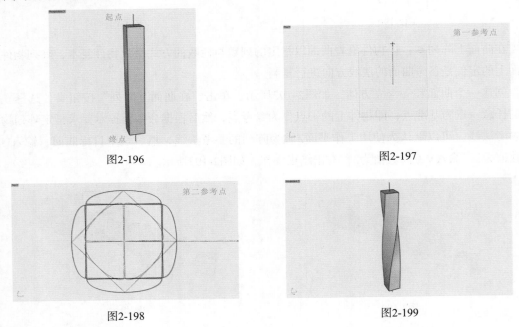

图2-196   图2-197

图2-198   图2-199

3. 弯曲

"弯曲"命令，是对物件进行弯曲变形。

创建一个圆柱体，如图2-200所示。在菜单栏中执行"变动"/"弯曲"命令，然后选中物件，在物件上指定骨干的起点和终点，物件会随着鼠标的移动进行不同程度的弯曲，在所需要的位置单击即可结束操作，如图2-201所示。

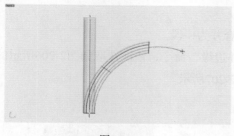

图2-200

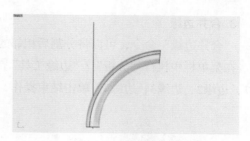

图2-201

2.8.3　合并与打散工具

1. 组合

"组合"命令，是将两个或多个物件组合成一个物件。只有没有封闭的曲线或曲面的边缘才能进行组合操作。

单击"组合"按钮，选择如图2-202所示的两条直线，按Enter键或右击结束操作，此时两条直线组合为一条开放的曲线，如图2-203所示。

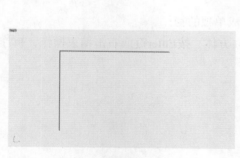

图2-202

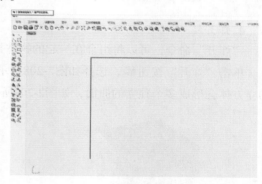

图2-203

2. 群组物件

"群组"命令，可以将选取的物件进行编组，包括点、线、面和体。群组后的物件可以被当作一个物件被选取或进行指令操作。

单击"群组物件"按钮，选择如图2-204所示的所有物件，按Enter键或右击结束操作，如图2-205所示。

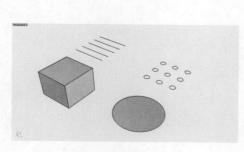

图2-204

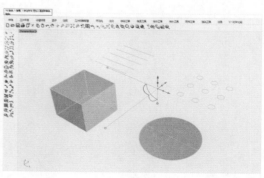

图2-205

3. 合并边缘

"合并边缘"命令，可以将分割后相邻的边缘合并为一段。

在菜单栏中执行"分析"/"边缘工具"/"合并边缘"命令，依次选取如图2-206所示的边缘1、边缘2、边缘3、边缘4，单击结束操作，如图2-207所示。

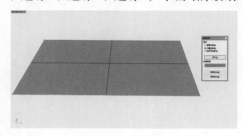
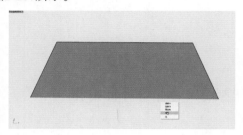

图2-206 图2-207

技术要点

Rhino 7版本与之前的版本不同，当选中要求合并的边缘时，会默认连续选择断开的边缘，所以一般情况下直接选择全部，软件会自动合并断开的边缘。

4. 炸开

"炸开"命令，可以将组合在一起的物件打散成单独的物件。

单击"炸开"按钮，选择如图2-208所示的立方体，按Enter键或右击结束操作，被炸开的立方体会形成多个独立的曲面，如图2-209所示。

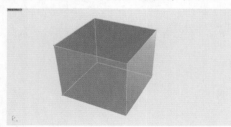
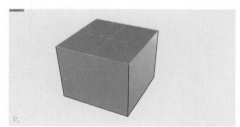

图2-208 图2-209

第3章

Rhino 7建模基础案例实践

主要内容：本章以头戴式无线耳麦案例和无线蓝牙音箱案例为基础，对Rhino 7基础工具或命令进行综合讲解、分析。制作案例的过程中会涉及常用工具或命令，如曲线编辑工具、曲面编辑工具、布尔运算、实体工具、变动工具等。

教学目标：通过对本章的学习，使读者巩固Rhino 7基础工具或命令的知识，并能熟练运用。

学习要点：熟悉从平面转化为立体的产品建模思路，熟练掌握Rhino 7的基础工具或命令。

Product Design

3.1 头戴式无线耳麦案例

头戴式无线耳麦是耳机与麦克风的整合体，从外观角度看，耳麦大致可以分为头带(又称头梁)、耳麦壳、耳罩等。下面通过具体的操作进一步讲解绘制头戴式无线耳麦的方法和注意事项。

3.1.1 绘制头带

01 打开Rhino 7软件，将图片放置在Front视图中，调整图片尺寸，将图片透明度调整为54%，然后单击"多重直线"按钮∧，绘制四条辅助参考线，如图3-1所示。单击"2D旋转"按钮⧉，选中要旋转的物体，选择旋转的中心点、第一参考点和第二参考点，旋转效果如图3-2所示。

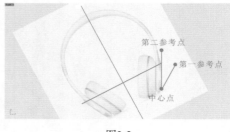

| 图3-1 | 图3-2 |

技术要点

将参考图旋转，可以更方便地绘制耳麦部分的圆形，减轻建模难度。因耳麦属于对称图形，所以只需绘制一侧的耳麦即可。

02 沿耳麦边缘绘制轮廓曲线，再使用镜像工具将绘制的轮廓曲线进行镜像，如图3-3所示。单击"衔接曲线"按钮∿，分别选择两条轮廓线，在弹出的"衔接曲线"对话框中，单击"确定"按钮，对两条轮廓线进行曲率连续性匹配后，将左侧的轮廓线删除，如图3-4所示。

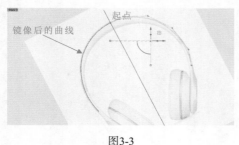

| 图3-3 | 图3-4 |

03 将轮廓曲线向前偏移适当距离，利用镜像工具将轮廓曲线进行镜像，然后在两条轮廓曲线端点绘制一条直线，如图3-5所示。单击"重建曲线"按钮🐾，弹出"重建"对话框，默认选项，单击"确定"按钮，通过移动中间两个控制点调整曲线，将该曲线调整到如图3-6所示的位置。

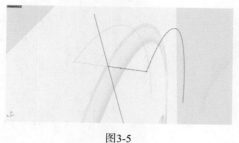

图3-5

图3-6

04 根据上述操作步骤，绘制头带的底部连接线，如图3-7所示。单击"双轨扫掠"按钮 ，分别选择两条轮廓线(路径)和两条断面曲线，然后右击弹出"双轨扫掠选项"对话框，默认选项，单击"确定"按钮结束命令，如图3-8所示。

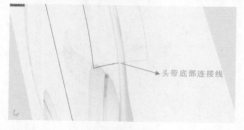

← 头带底部连接线

图3-7

图3-8

05 利用镜像工具将双轨扫掠后的曲面镜像，如图3-9所示。单击"衔接曲面"按钮 ，选中两个曲面交接处的两条曲线，在弹出的"衔接曲面"对话框中设置参数，如图3-10所示。随之将左侧曲面删除，如图3-11所示。

图3-9

图3-10

图3-11

06 单击"偏移曲线"按钮 ，选中外轮廓线，在命令行中设置"松弛"为"是"，"加盖"为"无"，选择"通过点"，如图3-12所示。偏移至适当位置，运用镜像工具将偏移的轮廓线进行镜像，如图3-13所示。

偏移侧（距离(D)=0.528728 松弛(L)=是 通过点(T) 两侧(B) 与工作平面平行(I)=否 加盖(C)=无）：

图3-12

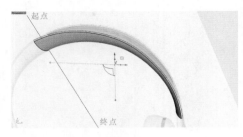

图3-13

07 在两条已偏移曲面之间绘制一条曲线，单击"重建曲线"按钮 ，弹出"重建"对话框，设置"点数"为4，"阶数"为3，单击"确定"按钮，如图3-14所示。通过移动中间两个控制点调整曲线弧度，如图3-15所示。

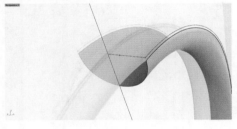

图3-14

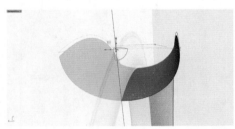

图3-15

08 按照上述步骤，绘制头带部分的另外一条底部连接线，如图3-16所示。运用2D旋转工具，将头带底部连接线调整到如图3-17所示的位置。

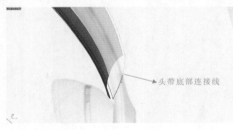

图3-16

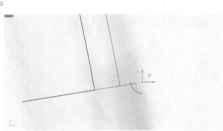

图3-17

09 使用双轨扫掠工具依次选择两条偏移曲线(路径)和两条断面曲线，完成曲面的建立，如图3-18所示。利用镜像工具将曲面进行镜像，如图3-19所示。

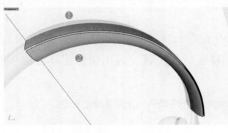

图3-18

图3-19

10 单击"衔接曲面"按钮 ，选中两条曲面交接处的两条曲线，如图3-20所示。在弹出的"衔接曲面"对话框中设置参数，如图3-21所示。单击"确定"按钮结束命令，随之将左侧曲面删除。

图3-20

图3-21

11 使用放样工具，在两条曲面边缘建立曲面，如图3-22所示。

12 单击"圆：与工作平面垂直、中心点、半径"按钮 ◎，确定圆的起点和终点，如图3-23所示。选中绘制的圆，将其复制一个，并移动到如图3-24所示的位置，然后按Shift键等比放大所复制的圆。运用放样工具，将两条圆形闭合曲线建立成面，如图3-25所示。

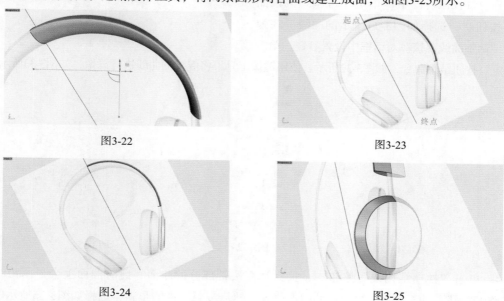

图3-22

图3-23

图3-24

图3-25

13 绘制一条直线，如图3-26所示。单击"分割"按钮 ✄，选中放样的曲面，选中直线，在命令行中选择"结构线"，确认两侧的分割点位置(注意两侧要对称)，然后将分割的部分删除，如图3-27所示。

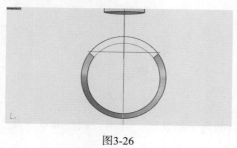

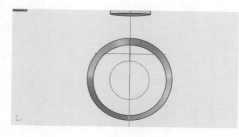

图3-26

图3-27

14 复制外侧的圆并移动至合适位置，然后将复制的圆进行缩放，如图3-28所示。单击"以平面曲线建立曲面"按钮 ，选中缩放的圆，完成圆形曲面的建立，如图3-29所示。

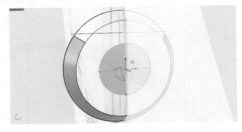

图3-28   图3-29

15 单击"双轨扫掠"按钮 ，依次选择圆形曲面的边缘和开放曲面的边缘，弹出"放样选项"对话框，默认选项，单击"确定"按钮，将三个曲面组合，如图3-30所示。

16 在Front视图中，单击"可调式混接曲线"按钮 ，选择如图3-31所示的曲线。在弹出的"调整曲线混接"对话框中设置参数，单击"确定"按钮结束命令，如图3-32所示。使用镜像工具，将混接的曲线进行镜像，如图3-33所示。

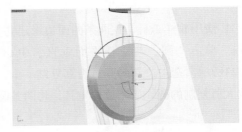

图3-30

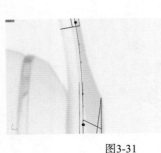

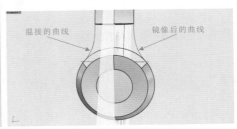

图3-31   图3-32   图3-33

17 单击"抽离结构线"按钮 ，选择耳麦头带部分的曲面，此时曲面上会显示出结构线，将结构线移动至如图3-34所示的中点位置。然后按照同样的步骤，选择如图3-35所示的圆形曲面上的结构线，移动至中点位置。

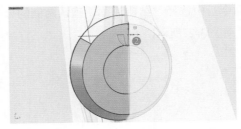

图3-34   图3-35

18 单击"可调式混接曲线"按钮 ，选中抽离的两条结构线，弹出"调整曲线混接"对话框，默认选项，单击"确定"按钮，完成混接曲线，如图3-36所示。利用混接曲线分割曲面边缘与中点处，如图3-37所示。

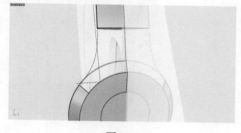

图3-36

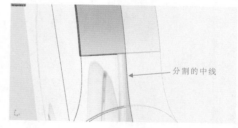

图3-37

19 绘制一条直线，将如图3-38所示的曲线分割。单击"重建曲线"按钮，选择直线，设置参数，如图3-39所示。通过移动中间控制点调整曲线，如图3-40所示。

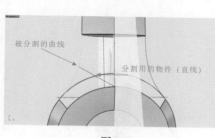

图3-38

图3-39

图3-40

20 按照上述步骤，重建如图3-41所示的3条曲线。单击"双轨扫掠"按钮，依次选择两条路径和两条断面曲线，单击"确定"按钮，完成曲面建立，如图3-42所示。

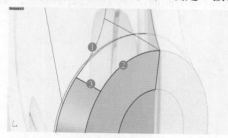

图3-41

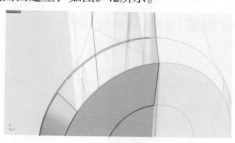

图3-42

21 再按照上述步骤，绘制上半部分曲面，如图3-43所示。利用镜像工具，将两个双轨扫掠曲面镜像，如图3-44所示。

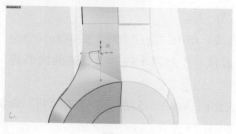

图3-43

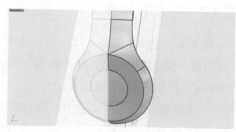

图3-44

22 绘制一个圆，将其进行缩小，并移动至如图3-45所示的位置。按照同样的方法，绘制发音单元的另一面，如图3-46所示。

图3-45

图3-46

23 单击"混接曲面" 🖱，选择如图3-47所示的曲面边缘。在弹出的"调整曲面混接"对话框中设置参数，单击"确定"按钮结束命令，如图3-48所示。利用此方法，将其他边缘进行混接曲面，如图3-49所示。

图3-47

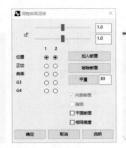
图3-48

图3-49

24 单击"复制边缘"按钮 🗗，选中如图3-50所示的圆形曲面。在圆形曲面中心点，绘制一条中轴线，如图3-51所示。

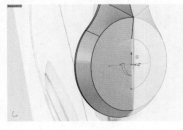
图3-50

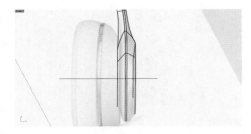
图3-51

3.1.2　绘制右耳罩

01 绘制3条直线，如图3-52所示。选中第3条直线，单击"重建曲线"按钮 🖱，弹出"重建"对话框，默认选项，单击"确定"按钮，通过移动中间两个控制点调整曲线形状，如图3-53所示。然后将3条直线组合。

02 使用旋转成形工具，选中已组合的曲线形成曲面，如图3-54所示。单击"将平面洞加盖"按钮 🖱，选中形成的曲面，对曲面进行加盖，如图3-55所示。

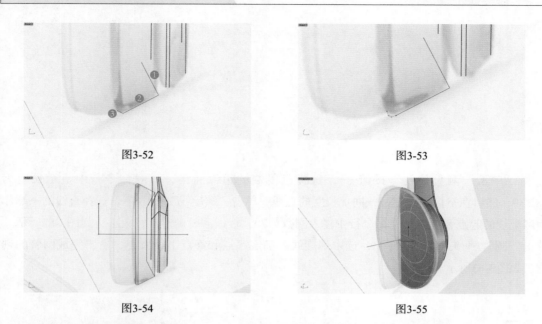

图3-52

图3-53

图3-54

图3-55

03 沿图绘制一条曲线，如图3-56所示。利用旋转成形工具，将曲线旋转成面，如图3-57所示。再沿图绘制一条曲线，如图3-58所示。利用旋转成形工具做出曲面，此时耳罩的外形初步完成，如图3-59所示。

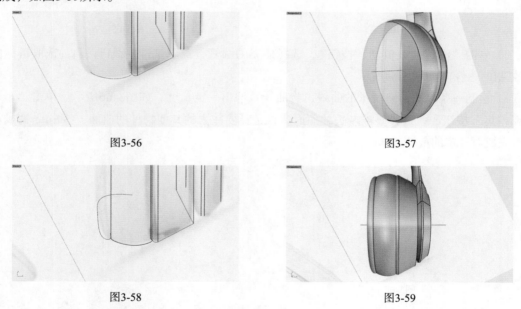

图3-56

图3-57

图3-58

图3-59

04 将如图3-60所示的曲面边缘进行加盖处理，形成封闭曲面，再复制一条曲面边缘线，如图3-61所示。

图3-60

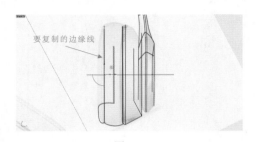

图3-61

05 单击"测量长度"按钮 ，选择已复制的边缘曲线，这时命令行中显示长度为98.339，然后在空白处绘制一条同等长度的直线，单击"螺旋线"按钮 ，选择直线的一端作为螺旋线的起点和终点，在命令行中输入圈数为70，根据需要确定半径大小，如图3-62所示。单击"圆管(平头盖)"按钮 ，选中螺旋线，确定起点和终点半径大小，右击完成圆管的创建，如图3-63所示。

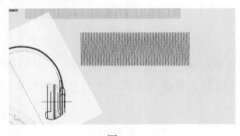

图3-62

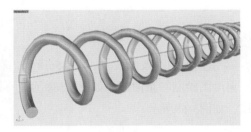

图3-63

06 单击"沿着曲线流动"按钮 ，选择建立的圆管，选取基准曲线(直线)，选取目标曲线(复制的边缘)，如图3-64所示。

07 绘制一条如图3-65所示的曲线，将曲线拉伸出一定长度，如图3-66所示。单击"布尔运算差集"按钮 ，选择要被减去的曲面，再选择要减去的其他物件的曲面，按Enter键或右击，完成对耳罩的裁切，如图3-67所示。

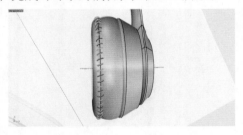

图3-64

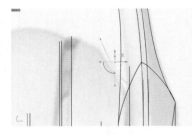

图3-65

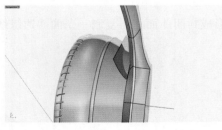

图3-66

图3-67

08 为便于下一步的绘制，可以将部分物体进行隐藏。右击"抽离曲面"按钮，选择要抽离的曲面，并将抽离的曲面删除，如图3-68所示。使用分割边缘工具，依次选中要分割的边缘，确定分割点，右击确认，如图3-69所示。

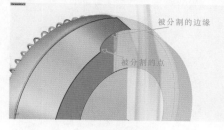

图3-68

图3-69

09 单击"可调式混接曲线"按钮，选择已经被分割的两条曲面边缘，弹出"调整曲面混接"对话框，在"连续性"选项中设置为"正切"，单击"确定"按钮，如图3-70所示。

10 使用混接后的曲线对该曲面进行分割，便于后期使用混接曲面命令，如图3-71所示。运用同样的方法对另一侧进行分割。

图3-70

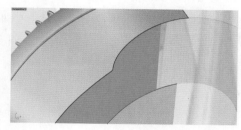

图3-71

11 使用混接曲面工具将两条曲面边缘混接，形成曲面，如图3-72和图3-73所示。

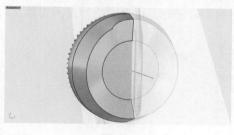

图3-72

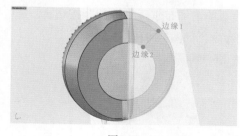

图3-73

3.1.3　绘制分模线

01 复制一条如图3-74所示的曲面边缘线，选中曲线向前偏移一段距离，在中点处绘制直线，如图3-75所示。

图3-74

图3-75

02 使用分割工具将该曲线截断，并将多余的线删除。单击"设置XYZ坐标"按钮 ⬚，选中曲线，右击弹出"设置点"对话框。勾选"设置Y"，单击"确定"按钮，将曲线处于同一水平面，然后将头带部分各个面组合，如图3-76所示。

03 绘制一个矩形，将矩形调整为如图3-77所示的形状。将矩形拉伸成实体，如图3-78所示。

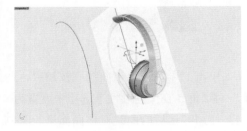

图3-76

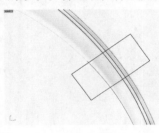

图3-77

图3-78

04 单击"布尔运算分割"按钮 ✎，选中要分割的头带部分，再选中拉伸出的实体，右击完成命令，如图3-79和图3-80所示。

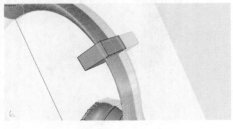

图3-79

图3-80

技术要点

分割此处是为了将头带与耳麦壳体区分开，既体现耳麦头带的伸缩功能，又方便后期渲染。

05 选择曲线并拉伸一定长度，如图3-81所示。对头带曲面进行分割，做出头带部分的分模线，如图3-82所示。

图3-81

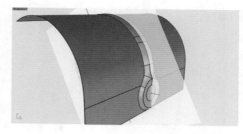

图3-82

06 对另一半进行镜像，并组合在一起，最终效果如图3-83所示。

图3-83

3.2　无线蓝牙音箱案例

现在的音箱产品相比传统音箱，不但增加了众多新功能，而且凭借漂亮的外观设计，逐渐成为装饰性产品。

本案例中的无线蓝牙音箱，从外观设计上看，机身主体采用了钢琴烤漆工艺，顶面采用了金属网罩覆盖，搭配方形的造型设计，整体效果时尚简约、富有质感。下面通过具体的操作进一步讲解绘制无线蓝牙音箱的方法和注意事项。

3.2.1　绘制音箱主体

01 打开Rhino 7软件，导入参考图片，将图片调整至实际大小。在Top视图中绘制两条直线，如图3-84所示。打开曲线控制点，选中两个控制点，在Front视图中拉出，然后导入第二张参考图片，并调整至实际大小，设置图片透明度为27，如图3-85所示。

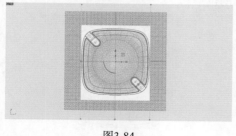

图3-84

图3-85

02 单击"圆角矩形"按钮 ，沿图选取中心点，绘制一条音箱主体外轮廓线，如图3-86

和图3-87所示。

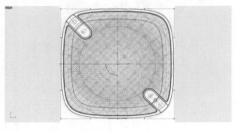

图3-86

图3-87

03 在圆角矩形中心点处向X轴方向绘制一条中轴线，将音箱外轮廓线拉伸成实体，再绘制一条音箱顶面外轮廓曲线，使用旋转成形工具将该曲线转化为曲面，如图3-88所示。

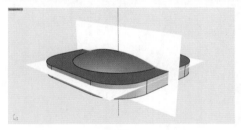

图3-88

04 单击"抽离曲面"按钮 🖼️，将圆角矩形的顶面抽离，如图3-89所示。单击"曲面圆角"按钮 🖼️，依次选取顶部的两条曲面，设置合适的圆角大小，在命令行中设置"修剪"为"是"，然后组合成一个曲面，如图3-90所示。

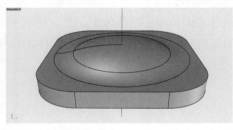

图3-89

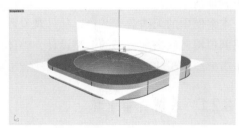

图3-90

05 围绕中轴线绘制一条中心线，然后将中心线旋转45°，如图3-91所示。选取中心线，使用偏移曲线工具，将其偏移4条直线至如图3-92所示的位置。

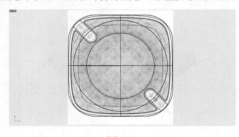

图3-91

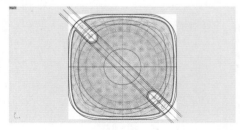

图3-92

06 绘制两个圆形，使它们分别与左右的两条直线相切，如图3-93所示。对向也绘制两个圆形，复制一条音箱外轮廓线，将其偏移至如图3-94所示的位置。

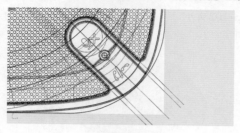

图3-93

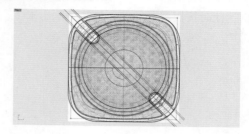

图3-94

07 使用修剪工具将偏移的直线与圆进行修剪，并将曲线组合，如图3-95所示。对尖锐的角进行倒圆角，如图3-96所示。

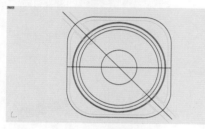

图3-95

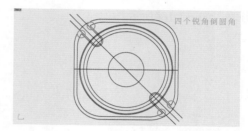

图3-96

08 使用边缘圆角工具，对音箱上部边缘进行倒圆角处理，如图3-97所示。

技术要点

对于模型的倒角要注意先后顺序，此时对音箱主体边缘倒角，是为下一步制作按钮的槽位做准备，方便后期对面的处理。

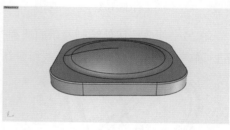

图3-97

3.2.2　绘制音箱按钮

01 单击"投影曲线或控制点"按钮，将制作的按钮分割线投影到曲面上，如图3-98所示。

02 复制一条音箱主体外轮廓线，如图3-99所示。沿图向下移动至图3-100所示的位置。

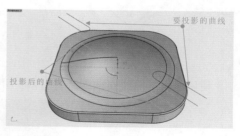

图3-98

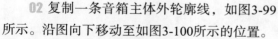
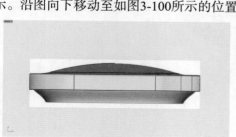

图3-99

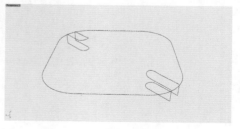

图3-100

03 选取3条曲线，使用修剪工具进行裁切，如图3-101所示。使用该曲线对音箱主体进行分割，此时按钮部分的曲面就被分割出来了，如图3-102所示。

图3-101

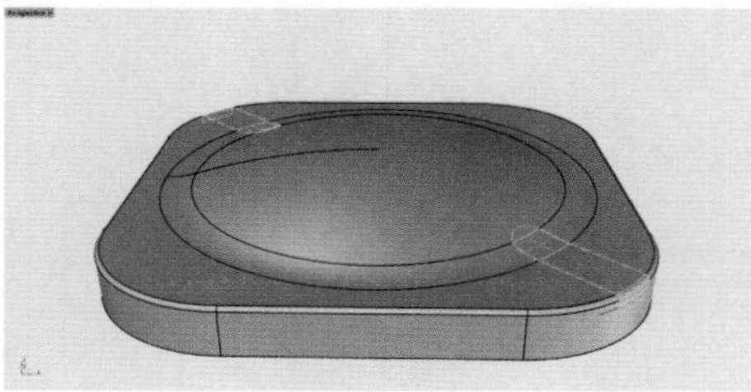

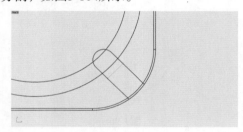
图3-102

04 绘制一条直线，用于细分按钮部分，如图3-103所示。利用该直线对按钮部分的曲面进行分割，如图3-104所示。

图3-103

图3-104

05 在另一部分按钮处绘制两条曲线和一个圆，如图3-105所示。使用修剪工具对两条曲线和圆进行修剪，随之将修剪后的曲线组合在一起，如图3-106所示。

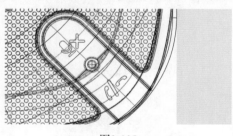
图3-105

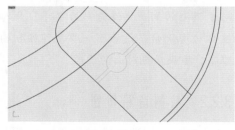
图3-106

06 使用组合的曲线对曲面进行分割，并将多余的面删除，如图3-107所示。

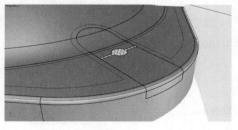
图3-107

07 选择按钮部分的一条曲面，如图3-108所示。将曲面边缘曲线向下挤出车成面，随之将面组合在一起，如图3-109所示。

图3-108

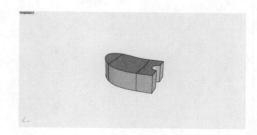

图3-109

08 选择按钮部分的另一条曲面，如图3-110所示。使用直线挤出和以平面曲线建立平面工具，将曲线形成曲面，如图3-111所示。参照同样的方法绘制对向的按钮，这里不再逐一讲解。

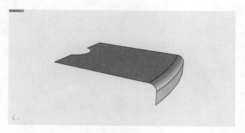

图3-110

图3-111

09 使用已绘制好的曲线对音箱顶面进行分割，如图3-112所示。将分割后的面隐藏，将边缘线向下拉伸出一定长度的曲面，如图3-113所示。

图3-112

图3-113

10 用边缘圆角工具，将边缘进行倒角处理，如图3-114所示。

技术要点

倒角处理是做分模线的常用表现形式。

11 绘制一个如图3-115所示的圆形，使用直线挤出工具将圆形挤出成实体，对挤出实体进行倒角，如图3-116所示。

图3-114

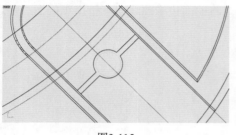

图3-115

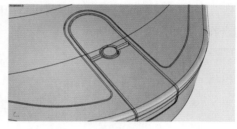

图3-116

3.2.3 绘制音箱音孔

01 复制一个音箱主体顶面并向下移动，移动距离为2mm，如图3-117所示。使用直线挤出工具，将一个面的边缘挤出连接到另一个面的边缘，然后所有面组合为一个面，形成实体，如图3-118所示。

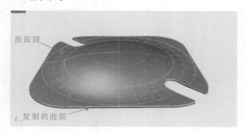

图3-117

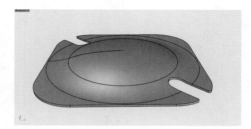

图3-118

> **技术要点**
>
> 这种情况下，尽可能不使用偏移曲面工具。若使用偏移曲面所形成的实体面，面的阶数较多，后续进行布尔运算时，会使计算速度变慢，而且计算后的面质量不高。

02 将参考图显示出来，其他物件隐藏。观察参考图中的音孔分布，是呈现有规律的排列，孔间距均匀分布，不涉及渐变分布，所以绘制的难度会低一些。仔细观察，孔在X轴、Y轴分布的行数为60和列数为60，那么先绘制两条中轴线，分为四个象限，因其孔的排列方式呈现为正方形，所以只需要在一个象限内绘制多个孔即可，如图3-119所示。

03 以两条中轴线相交处为原点，先绘制X轴方向的一个圆形，单击"矩形阵列"按钮 ▦，选中圆形，在命令行中设置X方向数目为30，其他选项选择默认，沿参考图确定X方向的间距，按Enter键结束操作，将阵列完成的圆形进行群组，如图3-120所示。

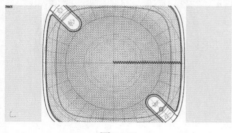

图3-119

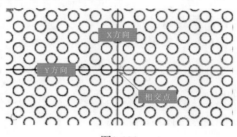

图3-120

04 单击"矩形阵列"按钮▦，选中群组的圆形，在命令行中设置X方向数目为1、Y方向数目为30、Z方向数目为1，沿参考图确定Y方向的间距，按Enter键结束操作，如图3-121所示。

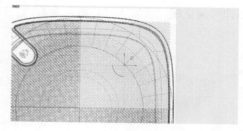

图3-121

技术要点

在阵列过程中，若发现阵列间距与参考图间距不对应，可以在命令行中设置X、Y、Z任意方向的间距值，调整数值不易过大。

05 这样一个象限的孔已绘制完成，将群组解散，使用镜像工具将绘制完成的孔进行镜像，效果如图3-122所示。然后使用轮廓曲线对孔进行修剪，如图3-123所示。将孔挤出成实体，如图3-124。通过布尔运算差集工具在实体曲面上开孔，如图3-125所示。

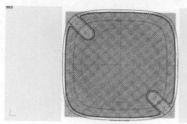

图3-122

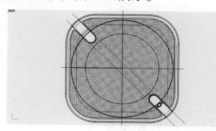

图3-123

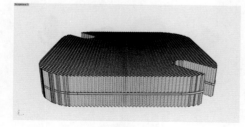

图3-124

图3-125

06 音箱的声孔制作完成。

技术要点

这种方法多用于制作声孔、散热孔、换气孔等，但在进行布尔运算时，较为耗时，计算速度较慢，所以对计算机的计算力要求较高。

3.2.4　绘制音箱底部

01 复制两条音箱主体底部的边缘曲线，调整至如图3-126所示的位置。

02 在两条曲线间绘制一条曲线，单击"重建曲线"按钮▦，选中所绘制的曲线，弹出

"重建"对话框，设置为"点数"为4，"节数"为3，单击"确定"按钮，如图3-127所示。

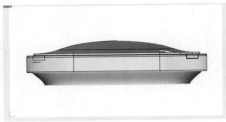

图3-126

图3-127

03 单击"双轨扫掠"按钮 ，依次选取两条路径，再选取断面曲线，单击"确定"按钮，形成曲面，然后曲面加盖形成实体，如图3-128所示。对曲面边缘进行倒圆角，这样音箱底部绘制完成，如图3-129所示。

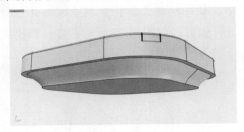

图3-128

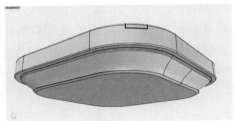

图3-129

3.2.5 绘制音箱标识

01 将标识图片源文件分别导入视图中，使用曲线工具绘制出标识的形状，如图3-130所示。

02 将绘制的标识图形移动至相应按钮位置，右击"抽离曲面"按钮 ，抽离该曲面。使用标识线将抽离的曲面进行分割，完成标识形状曲面建设，如图3-131所示。其余按键标识执行同样的操作，如图3-132所示。

图3-130

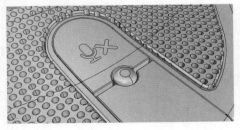

图3-131

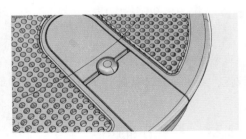

图3-132

技术要点

产品标识往往是以印刷的方式展现的，但在建模时只需要将标识曲面制作出来即可，后期利用渲染软件进行分色渲染将其区分。标识也可以不进行建模，通过KeyShot软件进行标识贴图，同样会达到理想的效果。

03 单击"文字物件"按钮 ，弹出"文本物件"对话框，输入文字RHINOD，设置参数，如图3-133所示。调整文字大小，并移动至如图3-134所示的位置。

图3-133

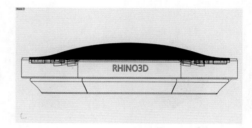

图3-134

04 将文字曲线挤出成实体，并对实体文字倒圆角，如图3-135所示。

05 制作完成的无线蓝牙音箱的效果。如图3-136所示。

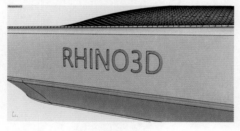

图3-135

图3-136

第4章

SubD细分曲面建模基础

主要内容： 本章对Rhino 7新的几何功能SubD（细分曲面）基础指令进行讲解，为后续的实践性项目打下基础。

教学目标： 通过对本章知识的学习，读者能够对SubD细分曲面命令有所掌握。

学习要点： SubD细分曲面基础命令，建模时需要运用的各类命令。

4.1 SubD的建模方式与特点

Rhino 7软件中的SubD (细分曲面)功能是一种新的几何类型，与其他几何类型不同的是，SubD 在保持自由造型精确度的同时还可以进行快速编辑，使精确、有机的建模变得更加容易。SubD 模型既可以直接转换为可加工的实体，也能够将扫描或网格数据转换为 SubD 物件，然后转换为 NURBS物件。

SubD的建模方式与T-Splines插件原理相同，都是通过对 SubD 物件上的各元素(点，线，面)以推、拉、挤出的方式进行调整，在实时互动中探索复杂的自由曲面造型。不同的是，SubD(细分曲面)的显示速度略快于T-Splines插件。

Rhino 7软件中的命令可以与 SubD 搭配使用，可以随时向 SubD 物件添加精确的曲面造型细节，如修剪、布尔运算、圆角等命令，以增强概念设计的表现效果。

4.2 SubD创建工具

4.2.1 SubD圆锥体工具

1. 创建细分圆锥体

在"细分工具"标签下，单击"创建细分圆锥体"按钮 ◌，在Top视图中确定圆锥体中心点位置以后，绘制细分圆锥体底部的半径或直径为任意数值，如图4-1所示。

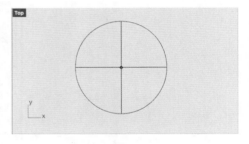

图4-1

在Right视图中，绘制细分圆锥体的高为任意数值，如图4-2所示。右击结束操作命令，如图4-3所示。

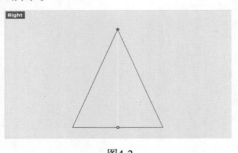

图4-2

图4-3

技术要点

在细分工具标签栏中，单击"切换细分显示"按钮 ▦，可以查看不同圆锥体的形态。

2. 创建细分平顶锥体

在"细分工具"标签下，单击"建立细分平顶锥体"按钮 🔘，在Top视图中确定中心点位置以后，绘制细分平顶锥体底部的半径或直径为任意数值，如图4-4所示。

在Right视图中，绘制细分平顶锥体的高为任意数值，如图4-5所示。在Top视图中，绘制细分平顶锥体顶部的半径或直径为任意数值，如图4-6所示。右击结束操作命令，效果如图4-7所示。

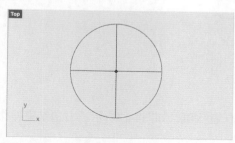

图4-4

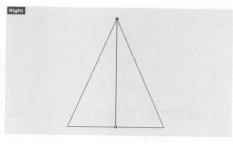

图4-5

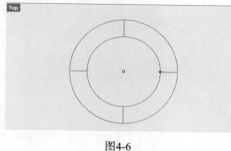

图4-6

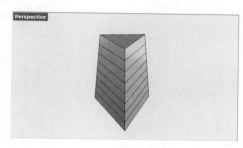

图4-7

4.2.2　SubD球体工具

1. 创建细分球体

在"细分工具"标签下单击"建立细分球体"按钮 ⬤，在Top视图中，确定中心点位置，绘制细分球的半径或直径为任意数值，如图4-8所示。右击结束操作命令，如图4-9所示。

图4-8

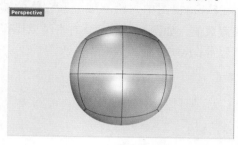

图4-9

技术要点

在"细分球体"对话框中，可自主选择"四边面""三边面"样式。

2. 创建细分椭球体

在"细分工具"标签下，单击"建立细分椭球体"按钮 ◉ ，在Top视图中确定中心点位置以后，绘制细分球体第一轴和第二轴的终点为任意数值，如图4-10和图4-11所示。

图4-10

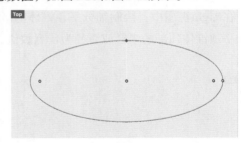

图4-11

在Front视图中，绘制细分球体第三轴的终点为任意数值，如图4-12所示。右击结束操作命令，如图4-13 所示。

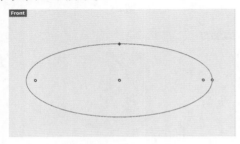

图4-12

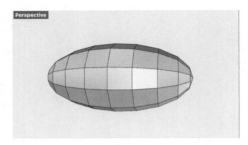

图4-13

4.2.3 SubD圆柱体工具

在"细分工具"标签下，单击"创建细分圆柱体"按钮 ▣ ，在Top视图中确定中心点位置以后，绘制细分圆柱体的半径或直径为任意数值，如图4-14所示。

在Front视图中，绘制细分圆柱体的端点为任意数值，如图4-15所示。右击结束操作命令，如图4-16所示。

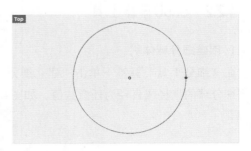

图4-14

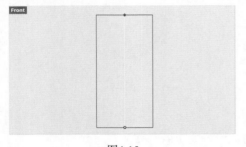

图4-15

图4-16

4.2.4 SubD环状体工具

在"细分工具"标签下，单击"细分环状
体"按钮 ⊙，在Top视图中确定中心点位置以
后，绘制细分环状体内圈的半径或直径为任意
数值，如图4-17所示。

在Top视图中，绘制细分环状体外圈的半径
或直径为任意数值，如图4-18所示。右击结束
操作命令，如图4-19所示。

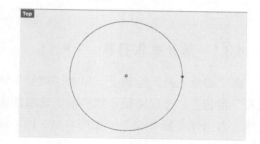

图4-17

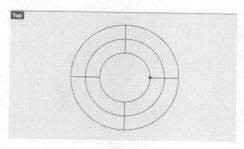

图4-18

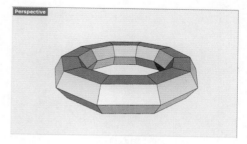

图4-19

4.2.5 SubD立方体工具

在"细分工具"标签下，单击"细分立方
体"按钮 ⊙，在Top视图中，绘制细分立方体
底面的第一角及底面的另一角或长度为任意数
值，如图4-20所示。

在Front视图中，绘制细分立方体的高度
为任意数值，如图4-21所示。右击结束操作命
令，如图4-22所示。

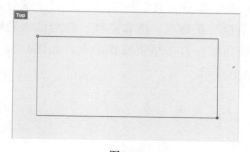

图4-20

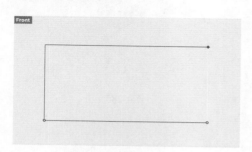

图4-21

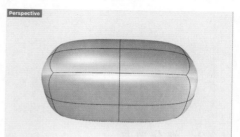

图4-22

4.3 SubD放样工具

4.3.1 细分单轨扫掠

在"细分工具"标签下，单击"细分单轨扫掠"按钮，选取路径，然后依次选取断面曲线，右击结束操作命令，如图4-23～图4-25所示。

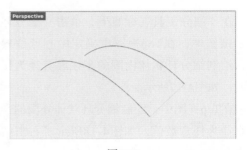

图4-23

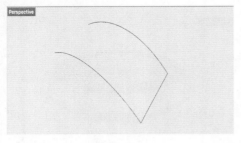

图4-24

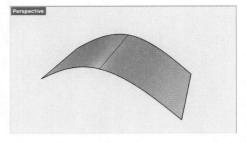

图4-25

4.3.2 细分双轨扫掠

在"细分工具"标签下，单击"细分双轨扫掠"按钮，选取路径，然后依次选取断面曲线，右击结束操作命令，如图4-26～图4-28所示。

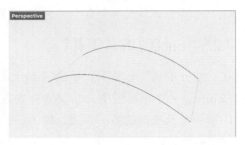

图4-26

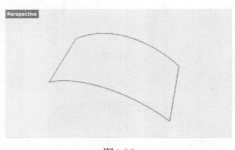

图4-27

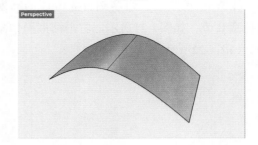

图4-28

4.3.3 细分放样

在"细分工具"标签下，单击"细分放样"按钮，选取路径，如图4-29和图4-30所示。右击在弹出的"细分放样"对话框中设置参数，如图4-31和图4-32所示。单击"确定"按钮，完成命令，如图4-33和图4-34所示。

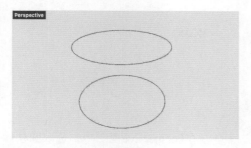

图4-29

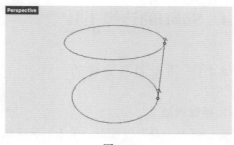

图4-30

图4-31

图4-32

图4-33

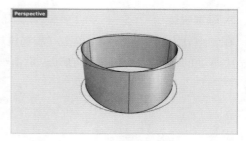

图4-34

技术要点

输入参数不同，所成曲面也不同。

4.3.4　多管细分物件

在"细分工具"标签下，单击"多管细分物件"按钮 ，在Perspective视图中选取曲线，如图4-35所示。在对话框中设置圆管半径参数，右击结束操作命令，如图4-36所示。

图4-35

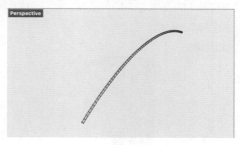

图4-36

4.4 SubD的边缘工具

4.4.1 添加和移除锐边

1. 移除锐边

在"细分工具"标签下,单击"移除锐边"按钮 ,在Perspective视图中,选取圆柱体上锐边处的结构线,如图4-37所示。右击结束操作命令,如图4-38所示。

图4-37   图4-38

2. 添加锐边

在"细分工具"标签下,单击"添加锐边"按钮 ,在Perspective视图中,选取需要变成锐边位置处的结构线,如图4-39所示。右击结束操作命令,如图4-40所示。

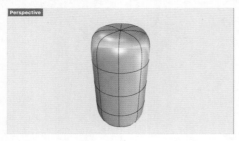
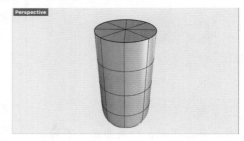

图4-39   图4-40

4.4.2 插入细分边缘

在"细分工具"标签下,单击"插入细分边缘"按钮 ,在Perspective视图中,选取细分物件中的回路边缘,如图4-41所示。为边缘定位,选取一个点或给定数值,右击结束操作命令,如图4-42所示。

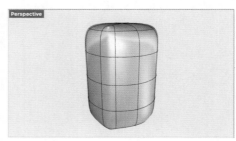

图4-41   图4-42

4.4.3　制作斜边、缝合边与移动边

1. 网格或细分斜角

在"细分工具"标签下，单击"网格或细分斜角"按钮 ⬢，在Perspective视图中，选取需要建立斜角的边缘，如图4-43所示。在命令行中调整相应参数，如图4-44所示。右击结束操作命令，如图4-45所示。

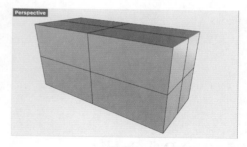

图4-43

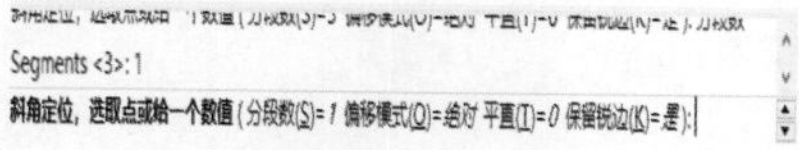

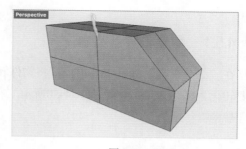

图4-45

Segments <3>:1

斜角定位，选取点或输入一个数值(分段数)=1 偏移模式(M)=过矩 平面(T)=0 保留锐边(K)=是

图4-44

2. 缝合网格或细分物件的边缘或定点

在"细分工具"标签下，单击"缝合网格或细分物件的边缘或定点"按钮 ⬚，在Perspective视图中，依次选取第一组要组合的边缘、第二组要组合的边缘，如图4-46所示。在对话框中调整相应参数，右击结束操作命令，如图4-47所示。

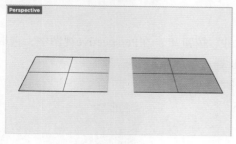

图4-46

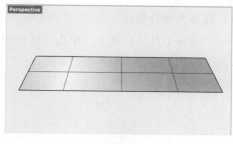

图4-47

3. 滑动网格或细分物件的边缘或顶点

在"细分工具"标签下，单击"滑动网格或细分物件的边缘或顶点"按钮 ⬚，在Perspective视图中，选取要滑动的细分物件或网格边缘与顶点，如图4-48所示。在对话框中调整相应滑动数值，右击结束操作命令，如图4-49所示。

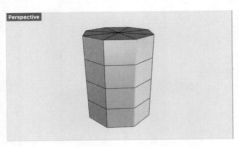

图4-48

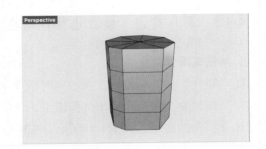

图4-49

4.5 SubD细分工具

4.5.1 细分工具基础命令

在"细分工具"标签下,单击"将物件转化为NURBS"按钮 🔗 ,在Perspective视图中,选取要转化为NURBS的物件,如图4-50所示。右击结束操作命令,如图4-51所示。

图4-50

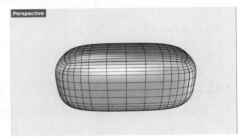

图4-51

1.转换为细分物件

在"细分工具"标签下,单击"转化为细分物件"按钮 🔗 ,在Perspective视图中,选取网格、曲面和挤出物件,如图4-52所示。右击结束操作命令,如图4-53所示。

图4-52

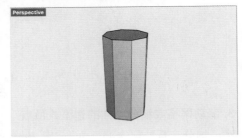

图4-53

2.对细分面再细分

在"细分工具"标签下,单击"对细分面再细分"按钮 ⊞ ,在Perspective视图中,选取要进行细分的细分物件、网格、细分面或网格面,如图4-54所示。右击结束操作命令,如图4-55所示。

图4-54

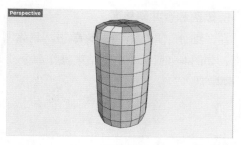

图4-55

3. 追加到细分

　　在"细分工具"标签下，单击"追加到细分"按钮 ⬚，在Perspective视图中，选取要追加的网格或细分物件，如图4-56所示。选取指定点，如图4-57所示。右击结束操作命令，如图4-58所示。

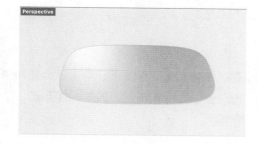

图4-56

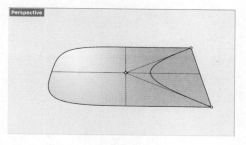

图4-57

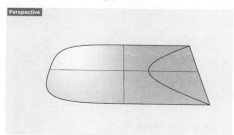

图4-58

技术要点

追加到细分，就是在现有曲面上再添加一层细分面，使曲面更容易变化。

4. 在网格或细分上插入点

　　在"细分工具"标签下，单击"在网格或细分上插入点"按钮 ⬚，在Perspective视图中，选取网格或细分物件，从网格边缘选取第一个点，然后再从网格边缘选取下一个点，如图4-59所示。右击结束操作命令，如图4-60所示。

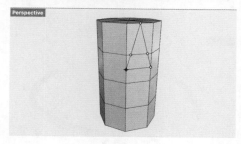

图4-59

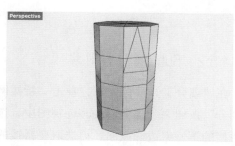

图4-60

5.删除和合并网格面

在"细分工具"标签下，单击"删除网格面"按钮 ，在Perspective视图中，选取要删除的面，如图4-61所示。右击结束操作命令，如图4-62所示。

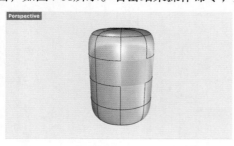

图4-61

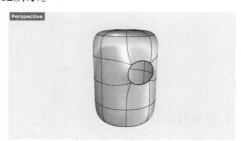

图4-62

在"细分工具"标签下，单击"合并网格面"按钮 ，在Perspective视图中，依次选取网格、细分面、边缘和顶点，如图4-63所示。右击结束操作命令，如图4-64所示。

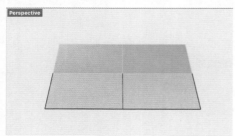

图4-63

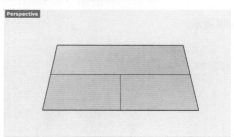

图4-64

6.填补细分网格洞

在"细分工具"标签下，单击"填补细分网格洞"按钮 ，在Perspective视图中，选取细分边界边缘，如图4-65所示。右击结束操作命令，如图4-66所示。

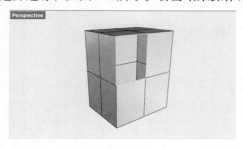

图4-65

图4-66

4.5.2 SubD桥接与对称

在"细分工具"标签下，单击"桥接网格或细分"按钮 ，在Perspective视图中，选取要桥接的第一组边缘或面，再选取要桥接的第二组边缘或面，如图4-67所示。右击在弹出的"桥接选项"对话框中设置参数，如图4-68所

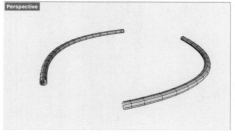

图4-67

示。单击"套用"按钮，完成操作命令，如图4-69所示。

图4-68

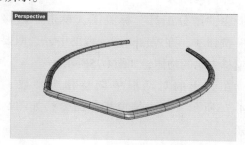

图4-69

在"细分工具"标签下，单击"对称细分物件"按钮，在Perspective视图中，选取要应用对称的细分物件，再选取对称平面起点、对称平面终点，点击要保留的一侧，如图4-70所示。右击结束操作命令，如图4-71所示。

图4-70

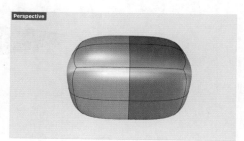

图4-71

4.5.3　SubD 挤出与偏移

1. 挤出细分物件

在"细分工具"标签下，单击"挤出细分物件"按钮，在Perspective视图中，选取要挤出的细分曲面及边缘，如图4-72所示。

在Front视图中，设置挤出距离，如图4-73所示。右击结束操作命令，如图4-74所示。

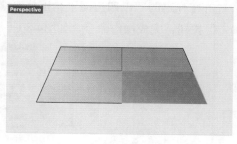

图4-72

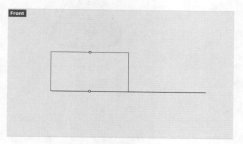

图4-73

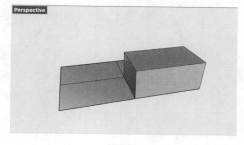

图4-74

2. 偏移细分

在"细分工具"标签下，单击"偏移细
分"按钮 🖱️，在Perspective视图中，选取要反
转偏移方向的物体，如图4-75所示。

在弹出的对话框中调整相应参数，如
图4-76所示。右击结束操作命令，如图4-77
所示。

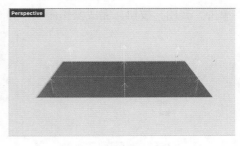

图4-75

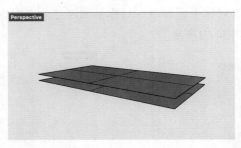

图4-76

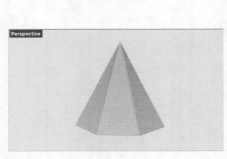

图4-77

4.5.4 SubD四角化网格

在"细分工具"标签下，单击"用四边面重建网格"按钮 ▦，在Perspective视图中，选取
要进行四边面重构网格的物件，如图4-78所示。

右击在弹出的"以四边面重构网格高级选项"对话框中设置参数，如图4-79所示。单击
"确定"按钮，完成操作命令，如图4-80所示。

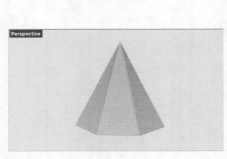

图4-78

图4-79

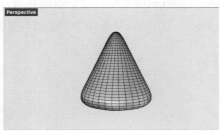

图4-80

4.6　SubD选择与过滤器工具

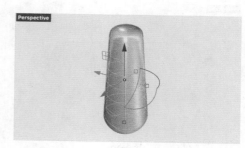

图4-81

4.6.1　选取细分物件

在"细分工具"标签下，单击"选择细分物件"按钮 ，可一次性选取模型中所有的细分物件，防止漏选或多选，如图4-81所示。

4.6.2　选取循环边缘

在"细分工具"标签下，单击"选择循环边缘"按钮 ，在Perspective视图中，从回路中选取边缘，如图4-82所示。右击结束操作命令，如图4-83所示。

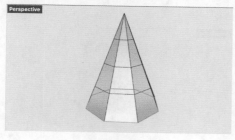

图4-82

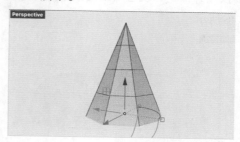

图4-83

4.6.3　选取环形边缘

在"细分工具"标签下，单击"选择环形边缘"按钮 ，在Perspective视图中，从环形中选取边缘，如图4-84所示。右击结束操作命令，如图4-85所示。

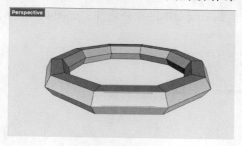

图4-84

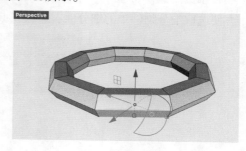

图4-85

4.6.4　选取面循环

在"细分工具"标签下，单击"选择面循环"按钮 ，在Perspective视图中，从回路中选取边缘，如图4-86所示。右击结束操作命令，如图4-87所示。

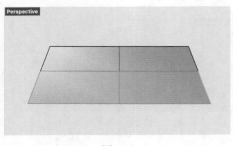

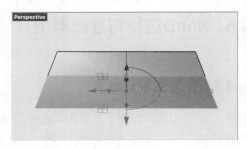

图4-86 图4-87

4.6.5 以笔刷选取

在"细分工具"标签下，单击"以笔刷选取"按钮 ✎ ，在Perspective视图中，对要选取的物件按住并拖曳，或连续指定数个点以笔刷选取物件，如图4-88所示。右击结束操作命令，如图4-89所示。

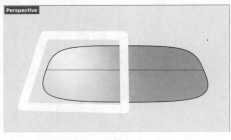

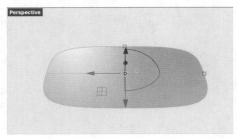

图4-88 图4-89

4.6.6 过滤器运用

在"细分工具"标签下，单击"选取过滤器"按钮 ◎ ，在相应的面或点的前方勾选复选框，方便选取细分物件中的细分面、边缘或点，方便调节模型中的细分物件，如图4-90所示。

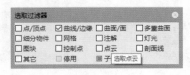

图4-90

第 5 章

SubD细分曲面建模案例实践

主要内容：本章主要讲解细分曲面建模工具的应用，如桥接、对称、细分调点等。

教学目标：通过案例实践，读者可掌握桥接、对称、细分等调点工具的使用方法。

学习要点：SubD细分曲面的主要工具，SubD细分曲面建模流程。

Product Design

5.1 水龙头案例

本节主要讲解使用桥接命令,制作水龙头上端和水龙头开关。桥接命令还可以应用于吹风机、花洒和电钻等产品的建模。

本案例为制作水龙头模型,最终效果如图5-1所示。

图5-1

5.1.1 绘制水龙头上端

01 在细分工具标签下,单击"创建细分圆柱体"按钮 ◻,创建一个直径为45mm,长为120mm的细分圆柱体,作为水龙头上半部,如图5-2所示。

02 复制一个水龙头细分圆柱体,将复制出的圆柱体移动至细分圆柱体的上方,并且旋转90°,如图5-3所示。按Tab键,将细分物件显示

图5-2

模式从平滑更改为平坦,按住Shift+Ctrl键,将水龙头上半部和出水口处的四个连接面及出水口上半部分删除,如图5-4所示。

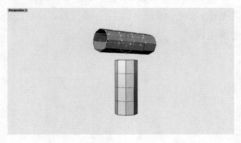

图5-3

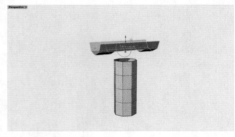

图5-4

03 在细分工具标签下,单击"缝合网格或细分物件的边缘或顶点"按钮 ◻,依次选取出水口和水龙头上部的连接线进行缝合,如图5-5所示。按住Shift+Ctrl键,对水龙头进行细分调点,使水龙头形体面更为顺滑,图5-6所示。

图5-5

图5-6

04 在Perspective视图中，按住Shift+Ctrl键，选取出水口两侧需要插入线的四条边缘线，如图5-7所示。在细分工具标签下，单击"插入细分边缘"按钮，将两侧出水口的形态进行细分调点，拉伸出两侧出水口处的形态，如图5-8所示。

图5-7

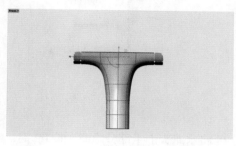

图5-8

05 将复制的出水口逆时针旋转15°，如图5-9所示。对其进行细分调点，调整好出水口形态，如图5-10所示。

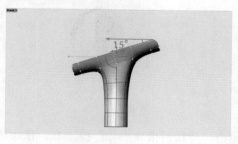

图5-9

图5-10

5.1.2 绘制水龙头下端

01 复制水龙头上半部分底边缘曲线，向下拉伸出长度为75mm的圆柱体，如图5-11所示。在菜单栏中，执行"编辑"/"重建"命令，选取拉伸出的圆柱体，右击在弹出的"重建曲面"对话框中设置参数，单击"确定"按钮完成命令，如图5-12所示。制作完成的水龙头效果，如图5-13所示。

图5-11

图5-12

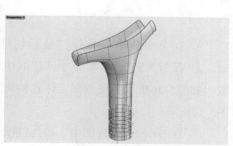

图5-13

02 在细分工具标签下，单击"切换为细分物件"按钮，将拉伸出来的圆柱体转为细分物件，将其复制并旋转90°，然后移动到水龙头主体右侧作为水龙头开关，如图5-14所示。将旋转后的水龙头开关多余的面删除，如图5-15所示。

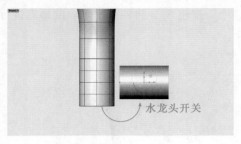

水龙头开关

图5-14

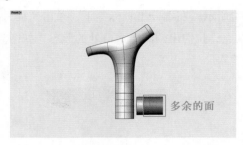

多余的面

图5-15

03 将水龙头上半部分隐藏，按Tab键，将细分物件显示模式从平滑更改为平坦，对水龙头开关进行缩放，如图5-16所示。将水龙头主体与开关的四个对应面删除，如图5-17所示。

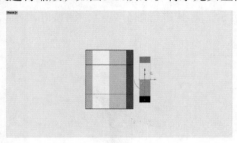

图5-16

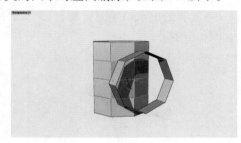

图5-17

04 在Perspective视图中，在细分工具标签下单击"桥接网格或细分"按钮 ，依次选取水龙头主体与开关的桥接曲线，右击在弹出的"桥接选项"对话框中设置参数，单击"确定"按钮完成命令，如图5-18所示。制作完成的接口处的效果，如图5-19所示。

图5-18

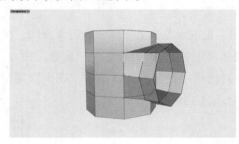

图5-19

05 在菜单栏中，执行"显示物件控制点"命令，将实体连接面切换为点，执行"变动"/"设置XYZ坐标"命令，选取中间连接点，右击在弹出的"设置点"对话框中设置参数，如图5-20所示。将点和实体连接面以Y轴方向对齐，单击"确定"按钮完成命令，效果如图5-21所示。

06 在Perspective视图中，按住Shift+Ctrl键，对水龙头连接面进行细分调点，使水龙头形体面更为顺滑，如图5-22所示。

07 按Tab键，将细分物件显示模式从平坦更改为平滑，先按住 Shift键，通过操作轴缩放点，再按住Ctrl键，自动添加结构线形成面，水龙头内部结构面绘制完成，如图5-23所示。

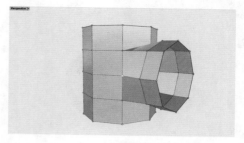

图5-20

图5-21

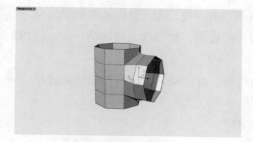

图5-22

图5-23

08 按住Shift+Ctrl键，双击水龙头内部结构面曲线，利用操作轴将结构线形成面，然后按住Shift键，将凸起的面进行外扩的细分调点，如图5-24所示。

09 在细分工具标签下，单击"偏移细分"按钮 ⬤，向内偏移，偏移距离为2mm，并形成实体，单击"网格或细分斜角"按钮 ⬛，对水

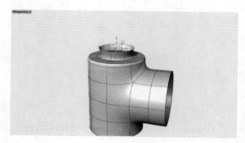

图5-24

龙头的两处延伸圆柱体进行圆角处理，如图5-25所示。在菜单栏中，执行"曲线"/"从物件建立曲线"/"复制边缘"命令，复制开关处边缘线，并进行相应移动，如图5-26所示。

图5-25

图5-26

10 在Perspective视图中，对复制出来的边缘线，先按住Shift键，通过操作轴控制缩放点，再按住Ctrl键，自动添加结构线形成面，从而做出开关连接面，如图5-27所示。在细分工具标签下，单击"转换为细分物件"按钮 ✐，将拉伸出来的NURBS面转换为细分物件，如图5-28所示。

图5-27   图5-28

11 仅显示圆形曲面，在Perspective视图中，先按住Shift键，通过操作轴控制缩放点，再按住Ctrl键，会自动添加结构线形成面，再次执行同样的操作，做出两个内部结构面，如图5-29所示。

12 按住Shift+Ctrl键，双击拉伸出来的内侧结构面，按住Shift键，利用操作轴进行拉伸，将拉伸面进行缩放形成小切面，如图5-30所示。

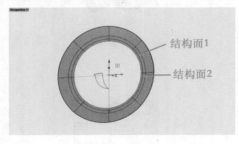

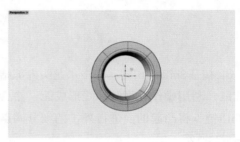

图5-29   图5-30

13 在Front视图中，按住Shift+Ctrl键，双击曲面外侧的曲线，如图5-31所示。按住Shift键，利用操作轴进行两次不同程度的拉伸，如图5-32所示。

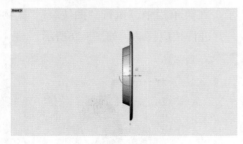

图5-31   图5-32

14 在Perspective视图中，按住Shift+Ctrl键，双击曲线圆内侧边缘线，利用操作轴拉伸至与小切面平齐，按住Shift键，利用操作轴将两侧曲线向内拉伸靠近小切面，图5-33所示。

15 在细分工具标签下，单击"缝合网格或细分物件的边缘或顶点"按钮 ▦，依次选取拉伸面的曲线，如图5-34所示。显示其他模型，

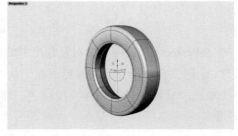

图5-33

按住Shift+Ctrl键，对其进行细分调点，不断完善对接形态，如图5-35所示。

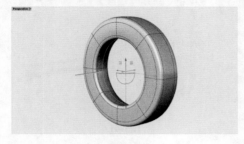
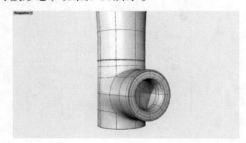

图5-34　　　　　　　　　　　　　　　　图5-35

16　绘制一条如图5-36所示的位置直线，以绘制的直线中点为圆心，在细分工具标签下单击"创建细分球体"按钮 ⚪，创建一个细分球体，设置"样式"为四边形，"细分值"为2，大小与对接内部曲线相等，右击结束操作命令，如图5-37所示。

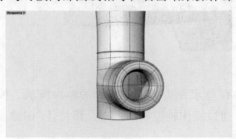
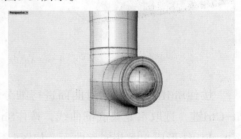

图5-36　　　　　　　　　　　　　　　　图5-37

17　在Front视图中，将上一步创建的球体向内平移，捕捉球体中心以后，创建一条长度为65mm的直线，如图5-38所示。在细分工具标签下，单击"多管细分物件"按钮 ⚒，设置"起点半径"为3mm，"终点半径"为4mm的不规则无盖圆管，如图5-39所示。

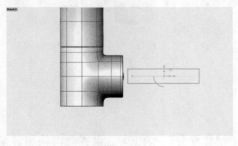
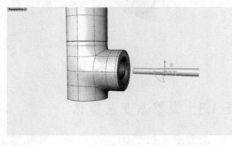

图5-38　　　　　　　　　　　　　　　　图5-39

18　按Tab键，将细分物件显示模式从平滑更改为平坦，在细分工具标签下，单击"桥接网格或细分"按钮 ⚒，依次选取桥接路径，右击在弹出的"桥接选项"对话框中设置参数，如图 5-40所示。单击"确定"按钮完成操作命令，效果如图5-41所示。

19　按Tab键，将细分物件显示模式从平坦更改为平滑，按住Shift+Ctrl键，双击水龙头开关外侧曲线，如图5-42所示。按住Shift键，通过操作轴控制缩放点，再按住Ctrl键，会自动添加结构线，向内拉伸至曲面封闭，如图5-43所示。

图5-40

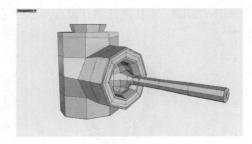

图5-41

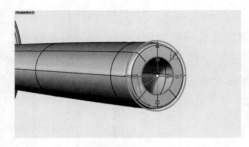

图5-42

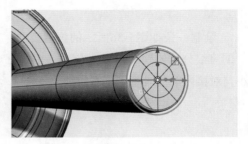

图5-43

20 按住Shift+Ctrl键，对曲面进行细分调点，调整水龙头的形态，如图5-44所示。按住Shift+Ctrl键，选取水龙头底部曲线，按住Shift键，通过操作轴控制缩放点，再按住Ctrl键，自动添加结构线形成水龙头底部曲面，如图5-45所示。

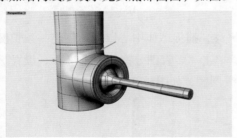

图5-44

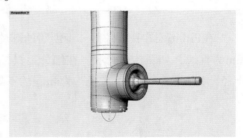

图5-45

5.1.3　调整水龙头整体

01 选取出水口形体，在细分工具标签下单击"偏移细分"按钮 ⑨，设置向内偏移，偏移距离为2mm，如图5-46所示。对出水口边缘进行细分调点，完善形态，图5-47所示。

图5-46

图5-47

02 按住Shift+Ctrl键，双击水龙头出水口底部曲线，在细分工具标签下单击"网格或网格斜角"按钮 ⬢，创建圆角曲面，如图5-48所示。显示隐藏件，对连接处进行细分调点，不断完善对接处形态，如图5-49所示。

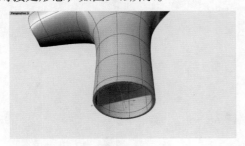

图5-48

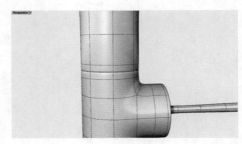

图5-49

03 制作完成的水龙头效果，如图5-50所示。

图5-50

5.2　望远镜案例

本节主要讲解使用对称命令，制作望远镜的主体形态和对称的曲面形态。对称命令还可以应用于耳机、VR眼镜和鼠标等产品的建模。

本案例为制作望远镜模型，最终效果如图5-51所示。

5.2.1　绘制望远镜主体

图5-51

01 在 Front视图中，绘制一条长为150mm的中心线，复制一条中心线并向左平移，移动距离为40mm，如图5-52所示。

02 在细分工具标签下，单击"创建细分圆柱体"按钮 ⬚，在Top视图中设置"垂直面数"为6，"半径"为25mm，在Front视图中设置"高"为150mm的细分圆柱体，如图5-53所示。

03 在Front视图中，按住Shift+Ctrl键，双击细分圆柱体的底面曲线，按住Shift键，并利用操作轴进行缩放，如图5-54所示。再按住Shift+Ctrl键，对圆柱体侧面进行细分调点，做出微弧的形态，如图5-55所示。

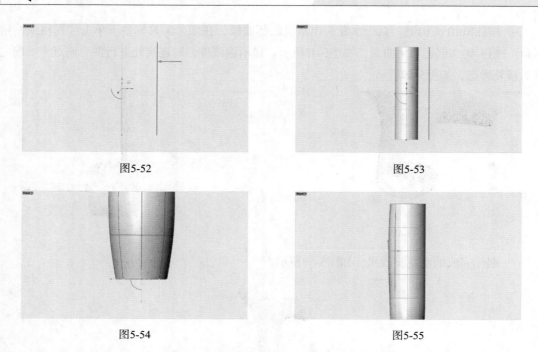

图5-52   图5-53

图5-54   图5-55

04 在Right视图中，按住Shift+Ctrl键，对圆柱体背面进行细分调点，做出微弧的形态，如图5-56所示。

05 在Front视图中，在细分工具标签下单击"对称细分物件"按钮 ⊛，选取上一步的细分圆柱体，以中心线为轴进行对称，如图5-57所示。

图5-56   图5-57

06 在Perspective视图中，将两个细分圆柱体连接处的对应面删除，在细分工具标签下单击"桥接网格或细分"按钮 ⊞，依次选取两组边缘或面，右击在弹出的"桥接选项"对话框中设置参数，单击"确定"按钮完成命令，如图5-58所示。制作的望远镜主体效果，如图5-59所示。

图5-58

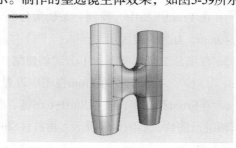

图5-59

5.2.2　绘制望远镜形体曲面

01 按Tab键，将细分物件显示模式从平滑更改为平坦，在细分工具标签下单击"在网格或细分上插入点"按钮，在望远镜主体上插入点，形成主体需要构建出的凹凸形态结构线，如图5-60所示。按住Shift+Ctrl键，双击凹凸形态结构曲线，如图5-61所示。

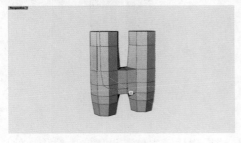

图5-60

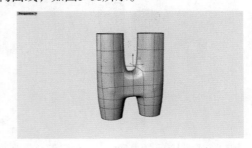

图5-61

02 在细分工具标签下，单击"添加锐边"按钮，选取如图5-62所示的体块曲线中间位置，拉伸出一定的弧度，按住Shift+Ctrl键，对拉出的面及整个望远镜模型面进行细分调点，如图5-63所示。

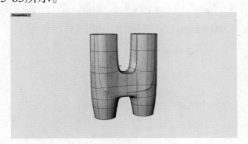

图5-62

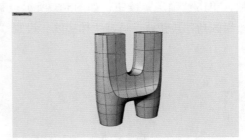

图5-63

03 在细分工具标签下，单击"将物件转换为NURBS"按钮，设置细分选项"星点"为G0，将望远镜模型炸开，如图5-64所示。按住Shift+Ctrl键，将上一步的弧形曲面进行组合，如图5-65所示。

图5-64

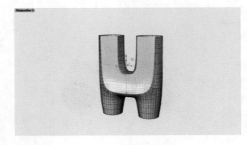

图5-65

技术要点

转换为NURBS前，将模型及时备份，以免无法转换回细分物件。

04 在菜单栏中执行"实体"/"偏移"命令，选择如图5-66所示的曲面，向内偏移，偏移距离为2mm，形成实体。在菜单栏中执行"实体"/"边缘圆角"/"混接"命令，为偏移的实体设置"半径"为0.5mm，如图5-67所示。

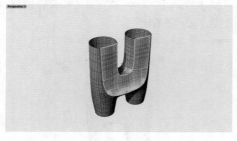

图5-66

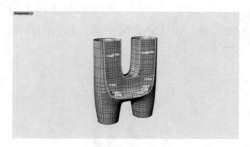

图5-67

05 隐藏混接后的凸面，单击"偏移"按钮 ✎，选择望远镜主体，设置向内偏移，偏移距离为2mm，形成实体，如图5-68所示。

06 单击"炸开"按钮 ⚡，将望远镜主体的底部面删掉，组合其他曲面。单击"混接曲面"按钮 ✎，然后依次选择望远镜底部的两条边缘，右击在弹出的"调整曲面混接"对话框中设置参数，单击"确定"按钮，如图5-69所示。制作完成的望远镜底部效果，如图5-70所示。单击"边缘圆角"按钮 ⬢，选择主体边缘，设置"半径"为0.5mm，完成倒角，如图5-71所示。

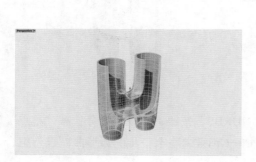

图5-68

图5-69

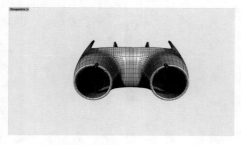

图5-70

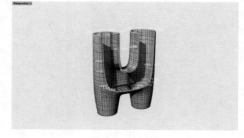

图5-71

07 在望远镜下方绘制两条直线，并将两条直线拉伸成面，利用两个平面对望远镜主体进行分割，如图5-72所示。单击"边缘圆角"按钮 ◉，设置"半径"为0.5mm，右击结束操作命令，如图5-73所示。

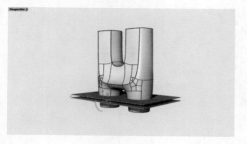
图5-72

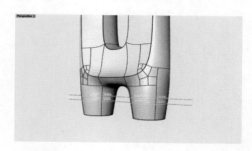
图5-73

08 望远镜最终效果，如图5-74所示。

图5-74

5.3　吹风机案例

5.3.1　绘制吹风机主体

本节主要讲解使用细分调点命令，制作吹风机的手把和其他细节。细分调点命令还可以应用于美容仪、修毛器和电动剃须刀等产品的建模。

本案例为制作吹风机模型，最终效果如图5-75所示。

01 在Front视图中，创建一个"半径"为40mm，样式为UV的细分球体，在Top视图中删除如图5-76所示的曲面。

图5-75

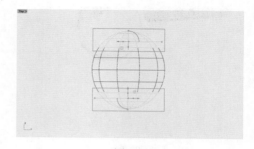
图5-76

02 建立吹风机手柄，在细分工具标签下单击"创建细分圆柱体"按钮 ▣，创建一个"面数"为8、"半径"为17mm、"高"为100mm的细分圆柱体，如图5-77和图5-78所示。

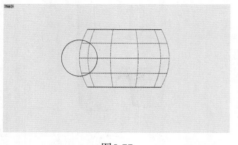

图5-77

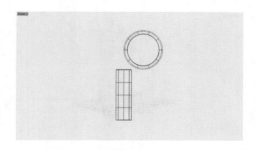

图5-78

03 按Tab键，将细分物件显示模式从平滑更改为平坦，在Top视图中按住Shift+Ctrl键，将细分圆柱体进行对应调点，切换吹风机手柄为方形，如图5-79所示。在Front视图中，将手柄顺时针旋转10°，按Tab键，将细分物件显示模式从平坦更改为平滑，如图5-80所示。

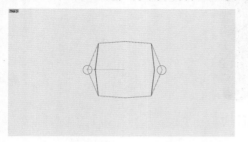

图5-79

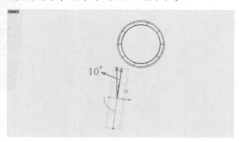

图5-80

04 建立吹风机出风口，在细分工具标签下单击"创建细分圆柱体"按钮 █，创建一个"面数"为10，"半径"为18mm，"长"为70mm的细分圆柱体，如图5-81所示。

05 按Tab键，将细分物件显示模式从平滑更改为平坦，将吹风机手柄和机身的四个连接面删除，如图5-82所示。在细分工具标签下，

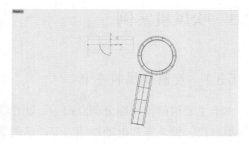

图5-81

单击"缝合网格或细分物件的边缘或顶点"按钮 █，依次选取吹风机手柄与机身处的曲线进行缝合，如图5-83所示。

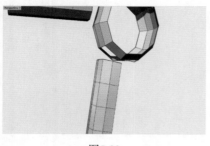

图5-82

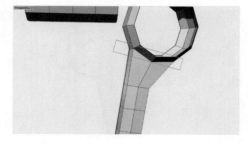

图5-83

06 按住Shift+Ctrl键，将吹风机机身的六个连接面进行删除，如图5-84所示。在Right视图中，将吹风机出风口旋转至与机身面相对应，在细分工具标签下单击"缝合网格或细分物件的

边缘或顶点"按钮 ▦ ，选取吹风机出风口与机身处的连接线进行缝合，如图5-85所示。

图5-84

图5-85

07 按Tab键，将细分物件显示模式从平坦更改为平滑，按住Shift+Ctrl键，对吹风机进行细分调点，使吹风机曲面更为顺滑，如图5-86所示。

08 在Front视图中，将吹风机手柄下方的边缘线拉伸并旋转，再通过细分调点使造型更加协调，如图5-87和图5-88所示。

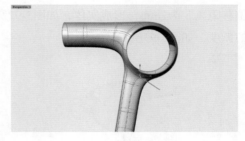

图5-86

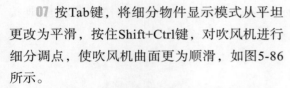

图5-87

图5-88

09 将现有模型进行图层备份，在细分工具标签下单击"对细分面再细分"按钮 ▦ ，将模型进行再细分，如图5-89所示。

技术要点

务必要进行模型备份，后期模型进行再细分后不能再返回到原来的细分面。

图5-89

5.3.2　绘制吹风机顶部和侧面

01 选择如图5-90所示的细分面，在细分工具标签下单击"挤出细分物件"按钮 ▱ ，设置"基础距离"为7mm，然后将选取的细分面删除，对挤出的细分物件进行细分调点，使其曲面更为顺滑，如图5-91所示。

图5-90   图5-91

02 在细分工具标签下，单击"偏移细分"按钮 ⬤ ，将吹风机模型设置为向内偏移，设置"偏移距离"为2mm，形成实体，如图5-92所示。按住Shift+Ctrl键，利用操作轴减小实体连接面的弧度，如图5-93所示。

图5-92   图5-93

03 在菜单栏中，执行"切换细分边缘"/"顶点选择"命令，将实体连接面切换为点，执行"变动"/"设置XYZ坐标"命令，选取吹风机侧面控制点，右击在弹出的"设置点"对话框中设置参数，如图5-94所示。使捕捉点达到与实体厚度面平齐，单击"确定"按钮完成命令，吹风机侧面效果，如图5-95所示。

图5-94   图5-95

04 在Perspective视图中，按住Shift+Ctrl键，对挤出的细分物件进行细分调点，如图5-96所示。使挤出细分物件的实体厚度面平齐，如图5-97所示。

05 在细分工具标签下，单击"删除网格面"按钮 ⬤ ，在Top视图中，删除没有编辑过的一面，如图5-98所示。单击"对称细分物件"按钮 ⬤ ，将上一步编辑的形体对称，如图5-99所示。

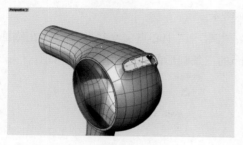

图5-96

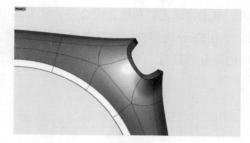

图5-97

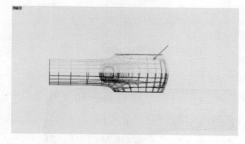

图5-98

图5-99

06 在细分工具标签下，单击"网格或细分斜角"按钮 ◉ ，对顶部挤出的细分物件进行倒斜角。复制顶部的曲线，隐藏吹风机模型，如图5-100所示。将复制的曲线定向拉伸成细分面，如图5-101所示。

图5-100

图5-101

07 按Tab键，将细分物件显示模式从平滑更改为平坦，在细分工具标签下单击"追加到细分"按钮 ✐ ，将面进行缝合，如图5-102所示。删除缝合面以外的所有面，如图5-103所示。

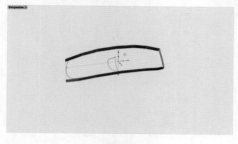

图5-102

图5-103

08 复制缝合面，移动到如图5-104所示的位置，在细分工具标签下单击"桥接网格或细分"按钮 ☶ ，依次选取桥接曲线，右击在弹出的"桥接选项"对话框中设置参数，如图9-105

所示。单击"确定"按钮完成命令，效果如图9-106所示。

09 在Front视图中，在菜单栏中执行"曲线"/"圆"/"中心点、半径"命令，在侧面电机口内部分别设置"半径"为25mm、16mm、14mm的三条圆形曲线，如图5-107所示。

图5-104

图5-105

图5-106

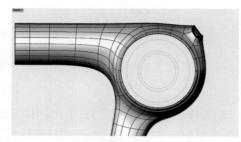

图5-107

10 在Right视图中，将三条圆形曲线的位置进行相应调整，如图5-108所示。将最外圈与最内圈复制，向内移动一定的距离，如图5-109所示。

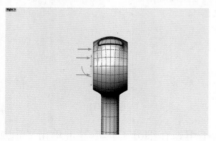

图5-108

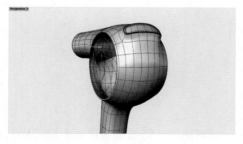

图5-109

11 在菜单栏中，执行"曲面"/"放样"命令，按照顺序分别选择5条圆形曲线，右击在弹出的"放样选项"对话框中设置参数，如图5-110所示。单击"确定"按钮完成命令，效果如图5-111所示。同理，对五条曲线背面进行放样，如图5-112所示。

图5-110

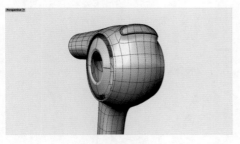

图5-111

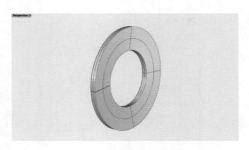

图5-112

12 在Front视图中，在菜单栏中执行"曲线"/"圆"/"中心点、半径"命令，在电机口内部分别设置"半径"为12mm、9mm、7mm的三条圆形曲线，如图5-113所示。将三条圆形曲线移动到相应位置，如图5-114所示。

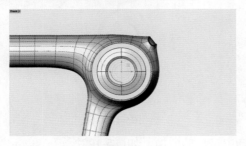

图5-113

图5-114

13 在菜单栏中，执行"曲面"/"放样"命令，依次选取路径进行放样，右击在弹出的"放样选项"对话框中设置参数，如图5-115所示。单击"确定"按钮完成操作命令，效果如图5-116所示。

图5-115

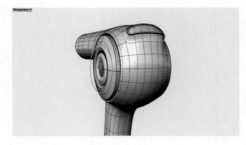

图5-116

14 选择三条圆形曲线中直径最大和最小的曲线，利用操作轴拉伸出厚度，如图5-117所示。在菜单栏中，执行"曲面"/"放样"命令，依次选取拉伸出的厚度背面曲线进行放样，右击在弹出的"放样选项"对话框中设置参数，如图5-118所示。单击"确定"按钮完成操作命令，效果如图5-119所示。

图5-117

图5-118

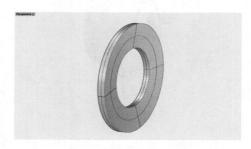

图5-119

15 在曲面中绘制一条直线，在菜单栏中执行"编辑"/"改变阶数"命令，设置"阶数"为3，并进行节点移动，做出具有弧度的曲线，如图5-120所示。

16 操作轴将曲线挤出双侧曲面，再执行"曲面"/"嵌面"命令，右击在弹出的"嵌面曲面选项"对话框中设置参数，如图5-121

图5-120

所示。单击对话框中的"选取起始曲面"按钮，选中挤出的曲面，如图5-122所示。单击"确定"按钮完成操作命令，效果如图5-123所示。

图5-121

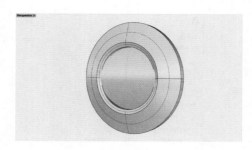

图5-122

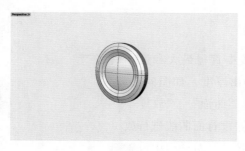

图5-123

17 对LED显示屏面进行圆角处理，在细分工具标签下单击"网格或细分斜角"按钮 ⬡，设置"半径"为0.8mm，右击结束操作命令，如图5-124所示。

图5-124

18 拉伸出两个圆柱体，将其分别放置于电机口的两处进风口位置，如图5-125所示。在菜单栏中执行"环形阵列"命令，设置阵列数为45，如图5-126所示。

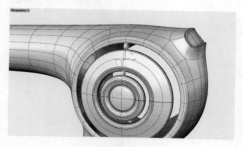

图5-125

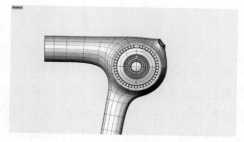

图5-126

5.3.3 绘制吹风机风嘴

01 对风嘴进行形态设计，在菜单栏中执行"曲线"/"圆角矩形"命令，绘制出圆角矩形曲线，如图5-127所示。对圆角矩形执行"编辑"/"重建"命令，右击在弹出的"重建"对话框中设置参数，如图5-128所示。单击"确定"按钮完成命令，效果如图5-129所示。利用操作轴将矩形拉伸，如图5-130所示。

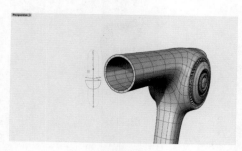

图5-127

图5-128

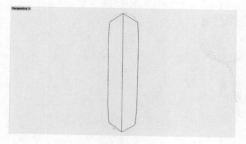

图5-129

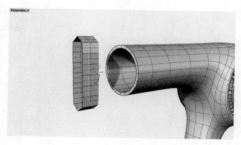

图5-130

02 对风嘴进行细分面显示，在细分工具标签下单击"插入细分边缘"按钮 🔧，向风嘴连接处添加结构线，调整控制风嘴连接处的弧度，通过细分调点对风嘴形体进行完善，如图5-131和图5-132所示。

图5-131

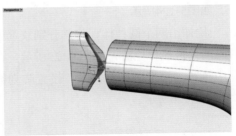

图5-132

03 在Perspective视图中，按住Shift+Ctrl键，双击选择风嘴边缘曲线，先按住 Shift键，通过操作轴缩放点，再按住Ctrl键，向内缩放形成风嘴形体面，然后选取缩放后的风嘴曲线向右拉伸，拉伸长度为3mm，如图5-133所示。

04 在细分工具标签下，单击"创建细分圆柱体"按钮 🔳，设置"环绕面数"为16，"半径"为19mm，"长"为5.5mm的圆柱体，如图5-134所示。单击"缝合网格或细分物件的边缘或顶点"按钮 🔳，缝合风嘴与圆柱体，通过细分调点对风嘴形体进行完善，单击"偏移细分"按钮 🔧，将风嘴形体进行偏移，设置偏移距离为2mm，如图5-135所示。

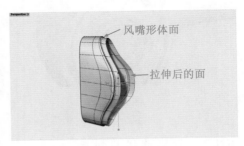

图5-133

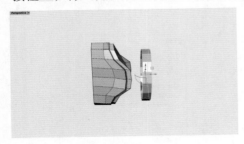

图5-134

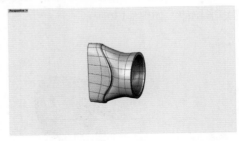

图5-135

05 吹风机最终效果，如图5-136所示。

图5-136

第 **6** 章

Grasshopper参数化建模基础

主要内容： 本章主要讲述Grasshopper参数化如何建立较为复杂的产品表面纹理，以及如何对特定形式的纹路进行绘制，如孔状、菱形、渐变、镂空等效果，为学习后续章节奠定基础。

教学目标： 通过对本章的学习，使读者掌握Grasshopper参数化建模的基本逻辑，以及常用电池的运用，并学会常用表面纹理的绘制。

学习要点： 熟悉参数化建模的基本逻辑，熟练运用Grasshopper参数化建模的常用命令。

Product Design

6.1　Grasshopper参数化在产品设计中的应用

参数化使设计师的思维模式发生了重大转变，使之渐渐地从传统手工业操作中脱离出来，运用参数化对工业设计的部分过程进行可控调整，使方案更加完美。越来越多的设计师在探索如何将参数化更好地运用到设计中去，从而丰富设计形态，降低设计成本，提高设计效率。

Grasshopper是一款基于Rhino平台的可视化编程插件，也是数据化设计方向的主流插件之一。它继承了Rhino软件中绝大多数的几何功能，并结合程序特征形成了数百个功能丰富的几何功能运算器。

数据处理是Grasshopper的核心，Grasshopper的计数方式是计算机语言的计数方式，数据结构呈树形分布，可分为单一树状数据和多主干树状数据。树状数据的末端是线形数据，线形数据要遵循线形数据处理规则，即在最短列表、最长列表、交叉列表等不同模式下呈现不同的配对方式。

Grasshopper的输出结果具有复杂性和可调性。首先，Grasshopper程序能够同时处理多组数据，计算速度远远高于人脑，呈现方式大大优于手工，因此能够产生异于传统的复杂造型。其次，数据程序特性给输出结果带来了极大的可调节性，解放了设计的劳动力，促使设计师深入更复杂的设计领域。

Grasshopper参数化设计作为造型方式的一种，应用在诸多产品设计领域中，通过控制不同的参数，得到的造型也是千变万化的。例如，孔的表达，通过参数化建模可以统一改变大小和渐变的效果，实现不规则形态、不规则形状的表达，如图6-1~图6-4所示；图形的制作，通过参数化设计可以快速进行规则、随机、干扰等形态的制作和表现；产品肌理的表现，通过参数化简化建模的难度，丰富产品的肌理形态，以更高的效率进行建模，更好地展现产品外观，如图6-5和图6-6所示。

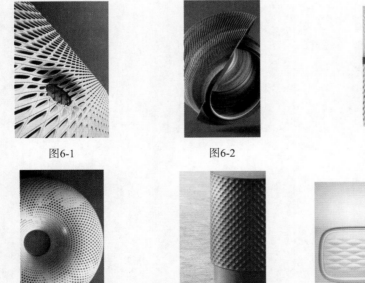

图6-1　　　　　　　　　　图6-2　　　　　　　　　　图6-3

图6-4　　　　　　　　　　图6-5　　　　　　　　　　图6-6

随着科技的发展，可以预见的是，未来产品的设计会变得具有更多的不确定性。设计师设计产品时，在满足产品的功能与使用便利的前提下，运用数字技术于参数变化，可以创造出无限的可能性。

6.2 Grasshopper界面介绍

Grasshopper的界面是功能显示与编辑电池的区域。启动Grasshopper后的默认界面，如图6-7所示。

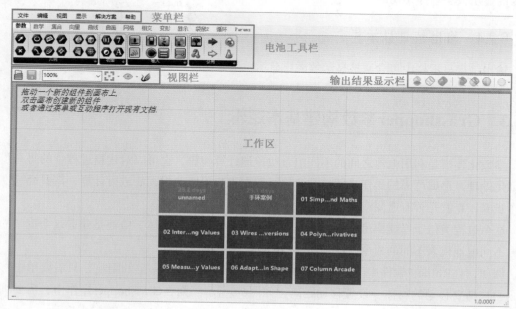

图6-7

6.2.1 菜单栏

菜单栏中包含"文件""编辑""视图""显示""解决方案""帮助"6项菜单。

6.2.2 电池工具栏

电池工具栏是Grasshopper的核心，汇聚了参数化设计中常用的工具命令，以图标的形式提供给用户，提高工作效率。

电池工具栏主要包含"参数""数学""集合""向量""曲线""曲面""网格""相交""变形""显示""袋鼠2""循环"12项工具。

技术要点

在电池工具栏中如果没有找到所需的电池，可以单击该功能组名称右侧向下箭头，在下拉菜单中寻找电池，如图6-8所示。

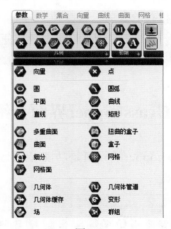

图6-8

6.2.3 视图栏

视图栏主要包含打开或保存文档、调整工作区的显示大小等操作功能。

6.2.4 输出结果显示栏

输出结果显示栏中包含调整显示效果、显示质量等功能。

6.3 Grasshopper参数构建基本逻辑

参数化建模是利用电池之间的不同组合快速地计算建模，它可以对建模过程中的每一步进行细化处理，形成严谨的操作步骤。在计算过程中，如果电池组无法进行计算，需要继续推敲操作步骤，查看是否有遗漏或多余的步骤。

这个过程类似于搭建模型框架，而这个框架决定着模型的整体。电池是建造这个框架的基础，不同电池代表不同的命令，这些命令与Rhino 7中的命令相似。

例如，在Rhino 7软件中，如果使一个物体向指定方向移动一定的距离，只需要单击移动命令→选择要移动的物体→设置移动距离，如图6-9所示。而在Grasshopper操作中，需要细化这些步骤，选择移动电池→设置向量→设置向量大小→输出几何体，如图6-10所示。

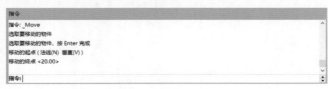

图6-9

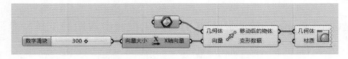

图6-10

通过对比不难发现，虽然两种软件操作方式的结果相同，但是Grasshopper的电池是整个命令的拆分，操作步骤更加详细，可以调节的参数更多。在Rhino 7软件中，如果操作命令已经结束，但是输入的距离有错误，那么只能全部撤回步骤重新操作。而在Grasshopper中，由于使用参数化电池进行命令操作，所以只需要修改错误数据就可以改变最后的计算结果。

"电池"与"电池"之间的配合形成了Grasshopper的基本逻辑，类似于程序编写，只需要输入一个值，整个程序便可以自动进行运算，每块电池就如同每个公式命令，输入值在各块电池中不断变化，快速地生成对应的模型。

在面临复杂重复的建模需求时，单一地运用Rhino 7软件进行建模，不但耗费的时间长且不便于后期修改。Grasshopper的参数化建模可以轻松解决这一问题，搭建完善的电池框架，在框架中可以添加数据进行计算，后期可以通过在大框架下修改数据对模型进行修改。

只有充分厘清建模思路，了解各类功能的使用方法，才能在基本逻辑下进行系统的、完善的参数化建模。

6.4　Grasshopper常用电池介绍

6.4.1　常用参数电池

参数电池是运算的基础，如图6-11所示。

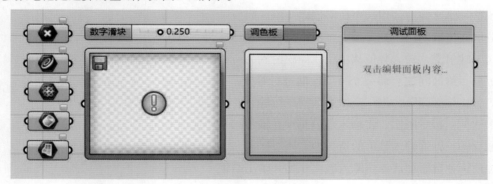

图6-11

常用的参数电池共有如下10个。

点：可以选取Rhino 7中的点参与运算。

曲线：可以选取Rhino 7中的曲线参与运算。

网格：可以选取Rhino 7中的网格参与运算。

多重曲面：可以选取Rhino 7中的多重曲面参与运算。

曲面：可以选取Rhino 7中的曲面参与运算。

数字滑块：滑块默认为整数型，可以鼠标左键双击修改为浮点型等其他类型，也可修改数字。

调色板：可以更改运算输出的物件颜色。

调试面板：用于自定义注释和文本值的面板，常用于输出数据。

图像采样器：提供图像(位图)采样动作，可插入图片，根据色调、饱和度、亮度等进行运算生成图片。

函数映射器：可以映射一组数字，用于修改定义图形方程的变量。

6.4.2 常用数学电池

数学电池是处理数据的必要电池，如图6-12所示。

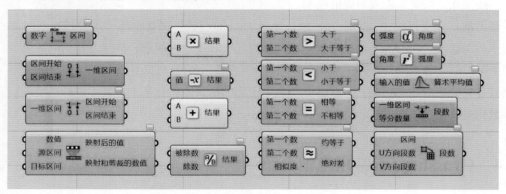

图6-12

常用的数学电池共有如下17个。

一维边界：创建一个包含数字列表的数字区间。

构造一维区间：用两个数字创建一维区间。

分解一维区间：把一个一维区间分解。

区间映射：输入数值从一个区间映射到另一个区间，类似比例缩放。

等分一维区间：将一个一维区间进行等分。

等分二维区间：将一个二维区间进行等分。

乘法：数学乘法，将输入数值相乘并输出结果。

取反：计算输入数值的负数。

加法：数学加法，将输入数值相加并输出结果。

除法：数学除法，将输入数值相除并输出结果。

大于比较：对输入数值进行大于或大于等于比较。

小于比较：对输入数值进行小于或小于等于比较。

相等比较：对输入数值进行相等或不相等于比较。

约等于比较：对输入数值进行相似度比较。

弧转角：输入弧度，输出角度。

角转弧：输入角度，输出弧度。

算术平均：求一组项目的算术平均数。

6.4.3 常用集合电池

集合电池通常用于处理数据组，如图6-13所示。

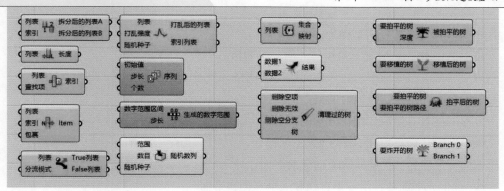

图6-13

常用的集合电池共有如下16个。

分割列表：将一个列表拆分成两部分。

列表长度：测量列表的长度。

索引查找：检索列表中某项的索引。

查特定项：根据列表索引值查找特定项。

数据分流：将列表中的项分流到两个目标列表中。

随机打乱：随机打乱一个序列。

等差数列：创建一个等差数列。

数字范围：创建一个数字范围。

伪随机数：生成伪随机数列表。

数据去重：对输入列表重复项进行去除，输出有效集。

合并：将多组数据合并为一组数据。

清理树：从树中删除所有的空位和无效值。

末端拍平：通过合并最外层的分支来减少树的复杂度。

移植：通过为每个项目添加额外的分支进行移植树。

拍平：将树形数据拍平变成线形数据。

炸开树：从树上提取断开所有分支。

6.4.4　常用向量电池

向量电池可生成网格或曲面，对物件进行定量移动，如图6-14所示。

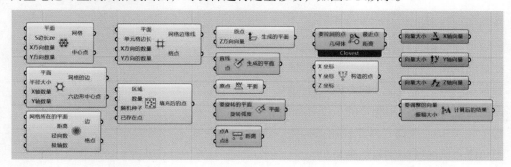

图6-14

常用的向量电池共有如下16个。

三角形网格❀：生成带三角形单元的二维网格。

六边形网格✿：生成带六边形单元的二维网格。

辐射网格✹：生成二维辐射网格。

正方形网格⊞：生成二维正方形网格。

二维填充▦：用点填充二维区域。

垂直向量成面⌐：创建垂直于向量的平面。

直线+点生成平面✍：用一条直线和一个点创建平面。

XY平面⛰：创建世界XY平面。

旋转平面✎：绕平面Z轴执行平面旋转。

两点距离⊟：计算两点坐标之间的欧几里得距离。

点拉回✂：将一个点拉回到各种几何图形上。

构造点▽：根据X、Y、Z坐标构建一个点。

X轴向量⊿：创建一个与世界坐标系X轴平行的单位矢量。

Y轴向量⬆：创建一个与世界坐标系Y轴平行的单位矢量。

Z轴向量⬆z：创建一个与世界坐标系Z轴平行的单位矢量。

向量振幅🔊：设置向量的振幅(长度)。

6.4.5 常用曲线电池

曲线电池主要对曲线进行操作，如图6-15所示。

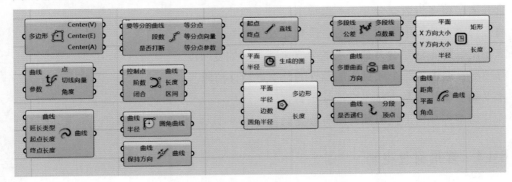

图6-15

常用的曲线电池共有如下15个。

多边形中心▱：找到多段线的中心点(平均值)。

测量曲线✔：在指定参数处测量曲线。

延长曲线⌒：基于指定的距离延长曲线。

曲线段数等分♪：用相等的长度等分曲线。

构造NURBS曲线⊃：基于控制点构造一条NURBS曲线。

圆角▱：给曲线的尖角加圆角。

组合曲线：尽可能组合多条曲线。

直线：通过两点创建一条曲线。

半径生圆：基于指定的平面和半径创建圆。

多边形：创建具有可选边数的多边形。

多段线删点：通过删除最不重要的顶点来减少多段线。

投影曲线：在多重曲面上投影曲线。

炸开曲线：将曲线分解为更小的线段。

创建矩形：在平面上创建矩形(圆角矩形)。

偏移曲线：通过指定距离偏移曲线。

6.4.6　常用曲面电池

曲面电池主要对曲面进行操作，如图6-16所示。

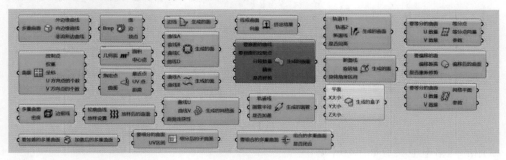

图6-16

常用的曲面电池共有如下23个。

多重曲面边提取：提取多重曲面的边线。

曲面控制点：获取NURBS曲线的控制点。

提取多重曲面边框：提取多重曲面边框。

曲面加盖：将所有平面孔盖住。

分解多重曲面：把多重曲面分解成它的组成曲面。

面积㎡：求解多重曲面、网格和平面闭合曲线的面积。

最近点之曲面：求指定点到曲面的最近点。

放样生面：通过轮廓线放样生成曲面。

边界生面：封闭曲线创建平面曲面。

四边生面：用二、三或四条曲线生成曲面。

直纹面生面：基于两条曲线生成曲面。

网格生面：从网格创建曲面，用四条曲线放样成面。

曲面细分：用UV区间细分曲面。

挤出：沿向量挤出曲线和曲面。

嵌面：创建嵌面曲面。

圆管 ⊘：围绕轨道曲线创建管道曲线。

组合多重曲面 ⬥：对多重曲面进行组合。

双轨扫掠 ⓘ：基于两条轨道线扫掠生成曲面。

旋转放样生面 ⊚：通过旋转中心生成曲面。

平面生盒 ⓘ：创建一个以平面为中心的盒子。

曲面之UV等分 ▦：按UV点等分曲面。

偏移曲面 ⓘ：将曲面偏移一段距离。

曲面之网格等分 ▦：在曲面上生成UV平面网格等分。

6.4.7　常用网格电池

网格电池主要对网格进行操作，如图6-17所示。

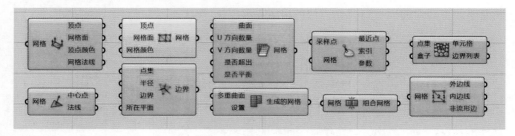

图6-17

常用的网格电池共有如下10个。

分解网格 ⓘ：分解一个网格至它的组成部分。

网格面法线方向 ⓘ：提取网格中所有面的法线和中心点。

构造网格 ⊞：从顶点、面和可选的顶点颜色构造网格。

泰森多边形 ✳：由一组点在矩形边界内创建平面泰森多边形。

网格化之曲面UV ▦：创建基于曲面UV分割的网格。

多重曲面生成网格 ⊞：创建近似于多重曲面的网格。

最近点之网格 ⓘ：寻找指定点到网格的最近点。

网格组合 ⬥：组合多个网格成为单个网格。

三维泰森多边形 ▦：根据点集生成三维泰森多边形。

网格边缘 ⊡：获取网格的所有边缘。

6.4.8　常用相交电池

相交电池主要对物件进行相交操作，如图6-18所示。

常用的相交电池共有如下11个。

多重曲面/曲线相交 ⓘ：求多重曲面与曲线相交的情况。

曲面/直线相交 ⓘ：求曲面与直线相交的情况。

曲线/平面相交 ⓘ：求曲线与平面相交的情况。

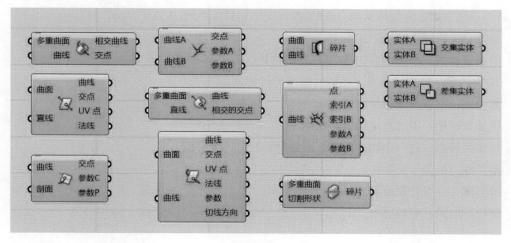

图6-18

线/线相交✂：求两条曲线的交点。

多重曲面/直线相交◐：求多重曲面与直线相交的情况。

曲面/曲线相交◐：求曲面与曲线相交的情况。

曲面分割◖：用一束曲线分割曲面。

多线相交✳：求多条曲线相交的交点。

分割多重曲面◐：用其他物体分割多重曲面。

实体交集◘：对两个多重曲面体进行交集。

实体差集◘：对两个实体进行差集运算。

6.4.9 常用变形电池

变形电池主要对物件进行变形的操作，如图6-19所示。

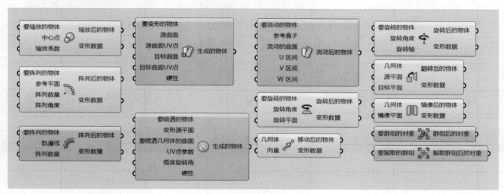

图6-19

常用的变形电池共有如下13个。

缩放◐：在所有方向上均匀地缩放对象。

环形阵列◐：对物体进行环形阵列。

曲线阵列◐：沿一条曲线路径阵列物体。

121

UV点变形🐾：将物体从源曲面的UV点变形到目标曲面UV点。

喷洒🌏：将物体喷洒到曲面上。

曲面流动🍩：根据曲面UVW坐标变形物体。

2D旋转🥢：在指定平面上按旋转角度旋转物体。

移动🚀：沿着向量移动物体。

绕轴旋转♣：围绕指定轴旋转物体。

物体翻转🔄：把一个物体从一个平面翻转到另一个平面。

镜像📖：镜像一个物体。

群组🐾：一组对象成组。

解散群组🐾：解散群组。

6.4.10 常用显示电池

显示电池主要对物件进行预览处理，如图6-20所示。

常用的显示电池共有如下3个。

查看点📇：显示有关点的详细信息。

自定义预览📷：允许自定义几何图形预览。

图6-20

向量显示📌：在Rhino 7视图中预览向量。

6.5 Grasshopper常用运算器介绍

在Grasshopper中，通过颜色可以快速判断电池是否存在禁用、隐藏、错误等问题。用户需要了解电池不同颜色所表示的含义：标准电池的颜色，如图6-21所示；禁用电池的颜色，如图6-22所示；警告电池的颜色，如图6-23所示；错误电池的颜色，如图6-24所示；隐藏电池的颜色，如图6-25所示。电池左边为输入端，右边为输出端。

图6-21   图6-22   图6-23   图6-24   图6-25

电池与电池之间以线连接，将鼠标放在电池输出端的节点处，当鼠标指针变成🖐时，按住鼠标左键不放并向外拖曳，会出现一条带箭头的线，如图6-26所示。此时，将鼠标放置在目标电池输入端的节点处，松开鼠标左键即可完成连接，如图6-27所示。将鼠标放在电池输入端的节点处，按住Ctrl键不放，当鼠标指针变成🖐时，从输入端向输出端连线即可取消连线。

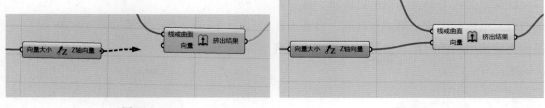

图6-26　　　　　　　　　　　　　　　　　图6-27

每种电池都有其特有的功能，它们相互配合进行运算，只有充分了解电池的每种功能才可以快速、正确地组合电池进行参数化建模。

6.5.1　参数类

参数类运算器常用于拾取Rhino 7中的点、线、面、实体等，通常作为逻辑的起点去链接其他运算器，并进行下一步的计算。

例如，右击"点"运算器，如图6-28所示。执行"设置一个point"命令，然后在Rhino 7中选择一个物体，执行"设置多个 points"命令，可以在Rhino 7中选择多个物体。

6.5.2　指令类

指令类运算器可以对参数类运算器中的点、线、面、体等进行不同的指令运算。

例如，"挤出"电池，左侧为输入端，右侧

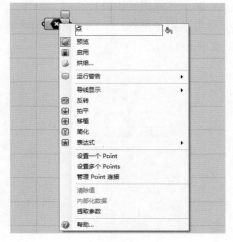

图6-28

为输出端，连接正确的"线或曲面"及"向量"才能够挤出结果，如图6-29所示。若任意一个输入端连接错误，则整个运算组无法进行运算，电池会变为警告颜色提醒运算错误，如图6-30所示。

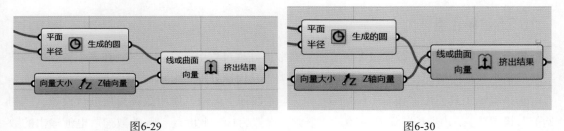

图6-29　　　　　　　　　　　　　　　　　图6-30

6.5.3　面板类

面板类运算器具有查看数据、编辑数据等功能。

以调试面板为例，如图6-31所示。通过调试面板对电池的运算结果进行观察，检查运算是否正确或出现的问题，使其能够更快速地解决问题。

图6-31

6.5.4 数字类

数字类输入运算器作为基础运算器，在Grasshopper软件中经常被使用。在工作区空白处双击，在弹出的"输入搜索关键字"对话框中输入需要的数字，再单击"数字滑块"图标结束操作。选择"数字滑块"中的菱形图案 1◇ ，按住鼠标左键不放，鼠标指针左右会出现一个箭头，进行左右拖动可以快速调整数值，如图6-32所示。

双击"数字滑块"，会弹出"Slider：数字滑块"对话框，根据需要完成对数字滑块的设置，如图6-33所示。

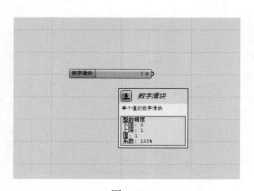

图6-32

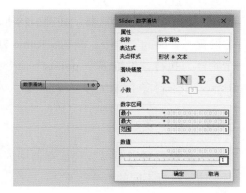

图6-33

技术要点

R代表浮点数、N代表整数、E代表偶数、O代表奇数。

6.5.5 集合类

集合类运算器主要在数据较多时应用。在数据处理过程中，往往会遇到在多组数据中抽取某些或某个数据的情况，此时就需要用到集合类工具快速处理。

选择电池工具栏中"集合"/"序列"/"等差数列"电池，使用数字滑块进行设置，"初始值"设置为1，"步长"设置为10，"个数"设置为10。此时的"等差数列"电池输出的数值便显示在"调试面板"中，如图6-34所示。

选择电池工具栏中"数学"/"区间"/"构造一维区间"电池，使用"数字滑块"进行设置，将"区间开始"设置为2，"区间结束"设置为6。

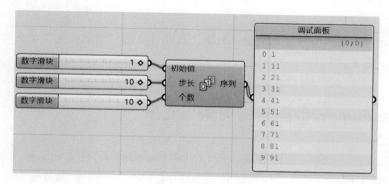

图6-34

选择电池工具栏中"集合"/"列表"/"提取子集"电池，将设置完毕的"等差数列"电池与"构造一维区间"电池的输出端，分别连接至"提取子集"电池的"列表"输入端和"区间"输入端，然后将"提取子集"电池的"列表"输出端连接至"调试面板"的输入端，此时"提取子集"电池完成提取任务，如图6-35所示。

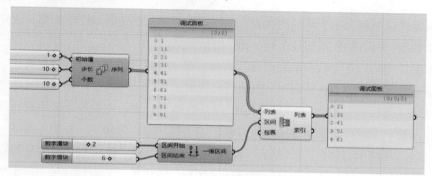

图6-35

当数据组过多时，可以运用"列表长度"电池快速查看数据组数量。通过"调试面板"能够发现"列表长度"电池可以快速确认列表内有多少组数据。

选择电池工具栏中"集合"/"序列"/"等差数列"电池，使用数字滑块进行设置，"初始值"设置为1，"步长"设置为10，"个数"设置为10。此时的"等差数列"电池输出的数值便显示在"调试面板"中。选择电池工具栏中"集合"/"列表"/"列表长度"电池，将"等差数列"电池的"序列"输出端与"列表长度"电池的"列表"输入端连接，"列表长度"电池运行完毕，如图6-36所示。

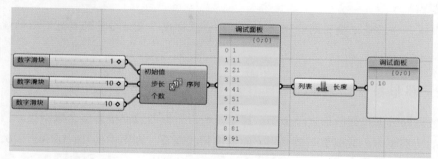

图6-36

技术要点

"调试面板"电池不会改变电池运算结果，因此可以将"调试面板"电池输出端直接连接下一命令电池的输入端。

6.6 Grasshopper数据结构类型与变换

Grasshopper运用数据进行建模，通过可调节参数和控制变量生成所需的模型。在Grasshopper的数据结构中包含线形数据和树形数据。其中，线形数据可分为单个数据和多个数据。

在Grasshopper运算过程中，如果没有准确地区分数据结构类型就进行后续的运算，尤其是运用树形数据进行线形数据的计算，很可能会造成运算错误或程序崩溃。

6.6.1 线形数据

线形数据可以理解为一个单独的列表，而线形数据的数据集为单个数据集。无论是单个数据还是多个数据，所有的数据都处于同一{0；0}数据集之中。

线形数据常用的运算为列表系列运算。例如，在一个共有50个数值的数据集中，需要第30个数据，那么就可以运用"查特定项"电池进行提取。

选择电池工具栏中"集合"/"序列"/"等差数列"电池，使用数字滑块进行设置，"初始值"与"步长"不进行设置，维持默认数值，"个数"设置为50。

选择电池工具栏中"集合"/"列表"/"查特定项"电池，使用数字滑块进行设置，"索引"输入端数值为30，将"等差数列"电池的"序列"输出端与"查特定项"电池的"列表"输入端进行连接，"查特定项"电池完成数据提取，如图6-37所示。

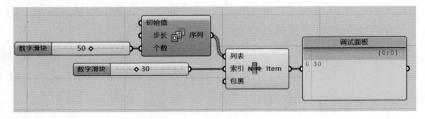

图6-37

技术要点

实线，表示当前电池输出的数据为单个数据；双实线，表示当前的电池输出的数据为多个数据。

6.6.2 树形数据

树形数据即数据排列的形式类似于一棵树。树形数据的数据集为多个数据集，数据分布于不同层级的数据集中，数据集与数据集之间形成树状联系，即图中的{0；0；0}，{0；0；1}等数据集。与线形数据相比较，树形数据具有较为明显的特点，如图6-38所示。

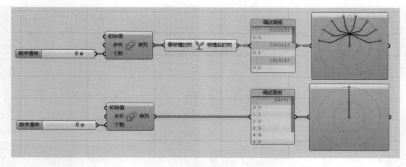

图6-38

"拍平"电池即为将树形数据转换为线形数据的运算器，也称为"拍平数据"。在原数据列表中，数据分别处于不同的数据集中，如{0；0；0}，{0；0；1}等，经过拍平运算后，数据都处于同一数据集{0}中，如图6-39所示。

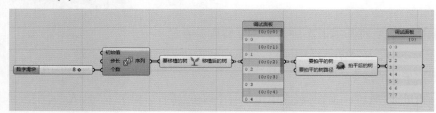

图6-39

技术要点

树形数据是以"虚线"的形式与其他运算器进行连接的，表示当前电池输出的数据为多个数据。

6.7 Grosshopper效果制作

6.7.1 制作圆孔渐变效果

圆孔与方孔渐变效果一般应用于空气净化器、音响、灯具、花洒，以及其他工业产品的设计中，满足其散热或聚热、发声、采集、空气循环、过滤等功能的要求。经过设计的渐变孔不仅带有纹理感，也具有提升外形美感的作用，如图6-40～图6-43所示。

图6-40

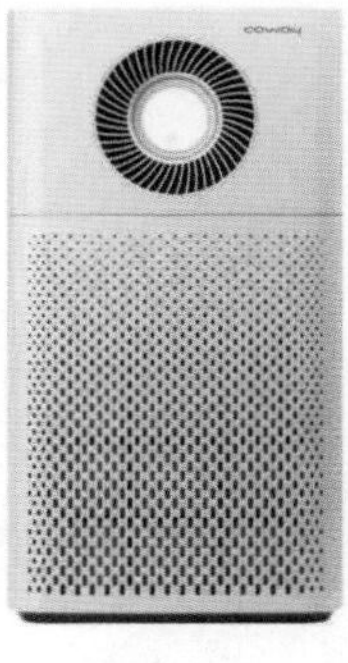

图6-41

127

图6-42   图6-43

圆孔和方孔的制作思路相同，所以下面以制作圆孔渐变效果图为例进行讲解。制作的圆孔渐变效果，如图6-44所示。

在绘制案例前要对基本形态进行分析，特别是在绘制圆孔渐变形态时，需要注意最大圆与最小圆的设置，以及注意数据形式的统一。

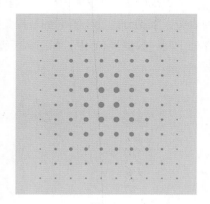

图6-44

01 启动Rhino 7软件，在Top视图中建立一个以(0，0)为原点的100mm×100mm的矩形。打开Grasshopper，选择电池工具栏中"参数"/"几何"/"曲面"电池，右击"曲面"电池，执行"设置一个Surface"命令，单击曲面，此时曲面被拾取到Grasshopper中，如图6-45所示。

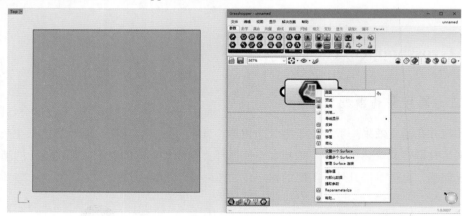

图6-45

02 选择电池工具栏中"向量"/"网格"/"正方形网格"电池，将"曲面"电池输出端连接"正方形网格"电池中的"平面"输入端。创建三个"数字滑块"，分别连接"正方形网格"电池的"单元格边长"输入端、"X方向的数量"输入端、"Y方向的数量"输入端，设置"单元格边长"为1，设置"X方向的数量"为10，设置"Y方向的数量"为10。通过设置正方形网格电池参数，使正方形网格布满矩形曲面，如图6-46所示。

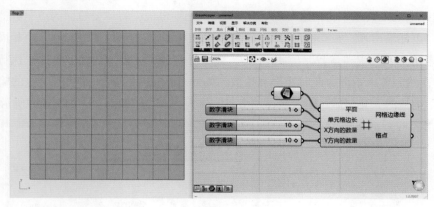

图6-46

03 选择电池工具栏中"参数"/"几何"/"点"电池，将"点"电池输入端连接"正方形网格"电池的"格点"输出端，此时每个格点以叉号的形式表现出来，如图6-47所示。

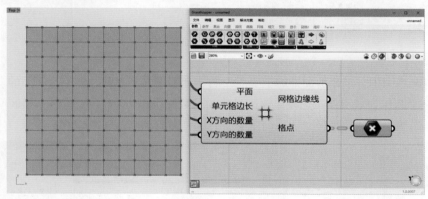

图6-47

04 选择电池工具栏中"曲线"/"初始"/"半径生圆"电池，将"点"电池输出端连接至"半径生圆"电池的"平面"输入端，将"调试面板"输入端连接至"格点"输出端口，此时"格点"输出的数据为树状数据，如图6-48所示。右击"格点"/"拍平"电池，对数据进行处理。

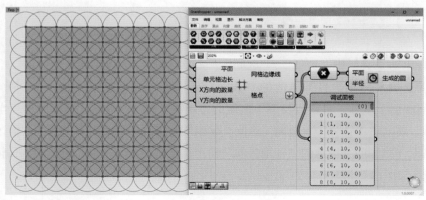

图6-48

05 选择电池工具栏中"向量"/"点"/"点拉回"电池,将"要拉回的点"电池输入端连接至"点"电池输出端。在Top视图中,参考步骤1中做出的矩形曲面,绘制一个相同大小的矩形,选择电池工具栏中"参数"/"几何"/"曲线"电池,右击"曲线"电池,执行"设置一个curve",然后单击矩形,此时矩形被拾取到Grasshopper中,将"曲线"电池的输出端连接"点拉回"电池的"几何体"输入端,"格点"作为"要拉回的点",如图6-49所示。

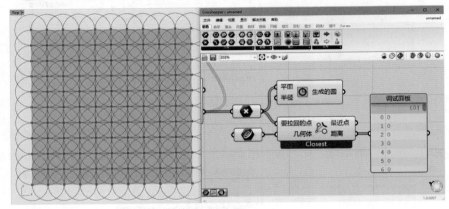

图6-49

06 在Top视图中,以矩形曲面的中心点绘制一个圆作为最大圆,以矩形曲面的左侧边中点位置绘制一个圆作为最小圆,选择电池工具栏中"数学"/"区间"/"构造一维区间"电池,"区间开始"为最小圆的半径,"区间结束"为最大圆的半径,如图6-50所示。

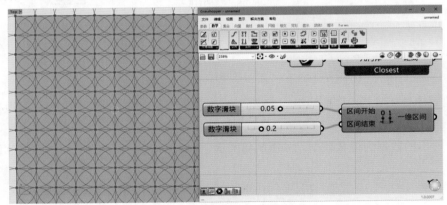

图6-50

07 选择电池工具栏中"数学"/"区间"/"一维边界"电池,将"点拉回"电池的"距离"输出端连接"一维边界"电池的"数字"输入端。选择电池工具栏中"数学"/"区间"/"区间映射"电池,将"点拉回"电池的"距离"输出端连接"区间映射"电池的"数值"输入端,将"一维边界"电池的"区间"输出端连接"区间映射"电池的"源区间"输入端,将"构造一维区间"电池的"一维区间"输出端连接"区间映射"电池的"目标区间"输入端,如图6-51所示。

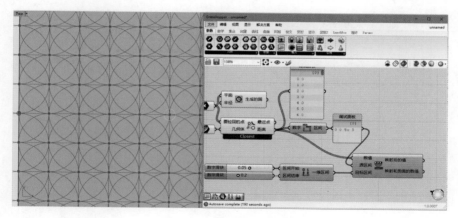

图6-51

08 选择电池工具栏中"曲线"/"初始"/"半径生圆"电池，将"正方形网格"电池的"格点"输出端连接"半径生圆"电池的"平面"输入端，将"区间映射"电池的"映射后的值"输出端连接"半径生圆"电池的"半径"输入端。此时，在Top视图中生成的圆已经出现渐变形态，如图6-52所示。

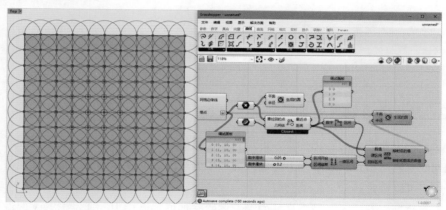

图6-52

09 选择电池工具栏中"曲面"/"自由变换"/"边界生面"电池，将"半径生圆"电池的"生成的圆"输出端连接"边界生面"电池的"边线"输入端。选择电池工具栏中"显示"/"预览"/"自定义预览"电池，将"边界生面"电池"生成的面"输出端连接"自定义预览"电池的"几何体"输入端。选择电池工具栏中"参数"/"输入"/"调色板"电池，双击色块选择颜色，将"调色板"电池的输出端连接"自定义预览"电池的"材质"输入端。右击"自定义预览"电池，执行"烘焙"，弹出"属性"对话框，设置参数，单击"确定"按钮，完成烘焙，如图6-53所示。此时，图案从Grasshopper中烘焙到Rhino软件图层中，如图6-54所示。

图6-53

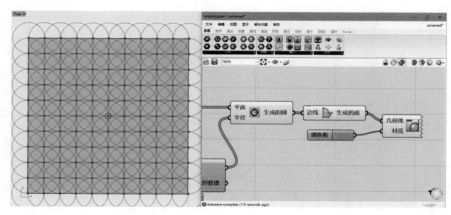

图6-54

10 关闭Grasshopper，圆孔渐变的最终效果，如图6-55所示。

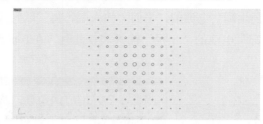

图6-55

6.7.2 制作菱形纹理效果

表面纹理是工业产品的外化特质，也是表面质量的反映，这里所指的表面纹理区别于材质自身的肌理或纹理，指在材质基础上经过人为加工处理的表面纹理形态，这些纹理以三维的形式存在，用户可以通过触觉来感受它们。

产品表面纹理能够给人们带来良好的触觉体验，如增加摩擦力，通过形态纹理设计给予手掌一定的手部刺激，缓解疲劳感，增加舒适性。合理的纹理设计可以增强产品外壳的强度和韧性，如图6-56和图6-57所示。

图6-56

图6-57

通过对客观的生理和心理感受的分析，我们可以建立工业产品外观质量的表达媒介纹理，建立人类生理和心理感受的传递模式。因此，在设计产品表面纹理时，要充分考虑纹理的形状、颜色、节奏等图像信息，给产品注入全新的活力，实现产品外观的个性化，满足不同用户的需求。

本节以制作菱形纹理渐变效果为例，介绍表面纹理的制作方法，如图6-58所示。

首先，对案例的基本形态进行分析。其次，在整个制作的过程中需要注意数据形式的统一；最后，在对合并电池的设置过程中需要注意数据的选择。

01 启动Rhino 7软件，绘制一个圆角矩形，执行工具栏中的"立方体"/"挤出封闭的平面曲线"命令，建立一个圆角矩形的实体，如图6-59所示。

图6-58

02 执行"抽离结构线"命令，在Top视图平面上抽离出四条结构线组成一个矩形线框，执行"修剪"命令，使用抽离出的结构线剪切出一个矩形曲面，如图6-60所示。

图6-59

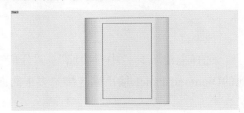

图6-60

03 单击"建立 UV 曲线"按钮 ，选择矩形曲面，完成UV曲线的建立，如图6-61所示。单击"以平面曲线建立曲面"按钮 ，将 UV 曲线变成曲面。

04 打开Grasshopper，选择电池工具栏中"参数"/"几何"/"曲面"电池。右击"曲

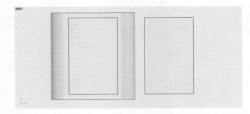

图6-61

面"电池，执行"设置一个Surface"命令，单击矩形曲面，此时矩形曲面被拾取到Grasshopper中。选择电池工具栏中LunchBox/Panels/Diamond Panels电池，将"曲面"电池的输出端连接Diamond Panels电池的surface输入端。设置"数字滑块"电池数值为18，连接Diamond Panels电池的U Divisions和V Divisions输入端，如图6-62所示。

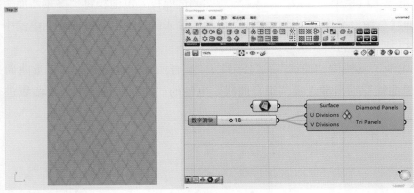

图6-62

133

05 选择电池工具栏中"曲面"/"分析"/"面积"电池，将Diamond Panels电池的Diamond Panels输出端连接"面积"电池的"几何面"输入端，如图6-63所示。

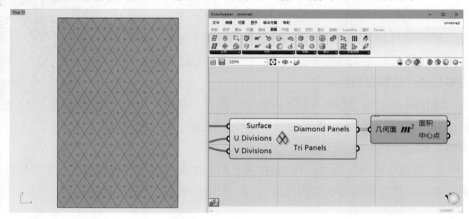

图6-63

06 选择电池工具栏中"曲面"/"分析"/"多重曲面边提取"电池，将Diamond Panels电池的Diamond Panels输出端连接"多重曲面边提取"电池的"多重曲面"输入端，如图6-64所示。

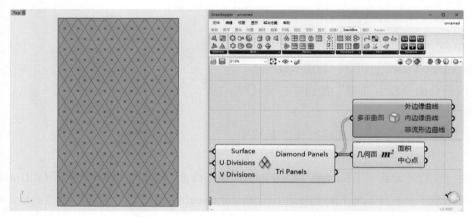

图6-64

07 选择电池工具栏中"参数"/"输入"/"调试面板"电池，将"多重曲面边提取"电池的"外边缘曲线"输出端连接"调试面板"电池的输入端，在"调试面板"电池中显示数据为树形数据，这说明曲线为断开状态，如图6-65所示。

08 选择电池工具栏中"曲线"/"公用"/"组合曲线"电池，将"多重曲面边提取"电池的"外边缘曲线"输出端连接"组合曲线"电池的"曲线"输入端，将曲线进行连接，如图6-66所示。

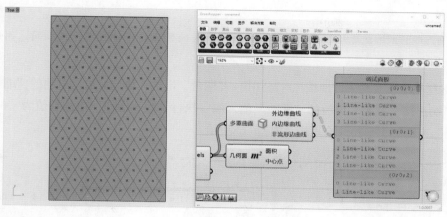

图6-65

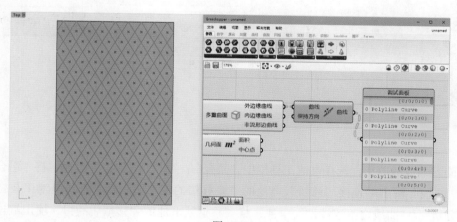

图6-66

09 右击"组合曲线"电池的"曲线"输出端执行"拍平"命令,选择电池工具栏中"变形"/"仿射"/"缩放"电池,将"组合曲线"电池的"曲线"输出端连接"缩放"电池的"要缩放的物体"输入端,将"面积"电池的"中心点"输出端连接"缩放"电池的"中心点"输入端,执行"数字滑块"电池数值为"0.8"并连接"缩放"电池的"缩放系数"输入端,如图6-67所示。

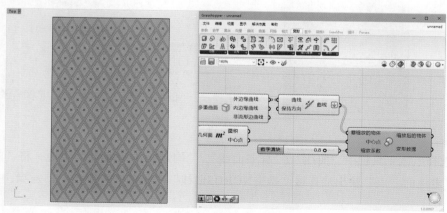

图6-67

技术要点

将菱形以面积中心点为中心点，进行缩放，输入的数据要保持数据形式相同，因此对曲线数据进行拍平处理。

10 选择电池工具栏中"曲线"/"公用"/"圆角"电池，将"缩放"电池的"缩放后的物体"输出端连接"圆角"电池的"曲线"输入端，执行"数字滑块"电池数值为"0.3"并连接"圆角"电池的"半径"输入端，如图6-68所示。

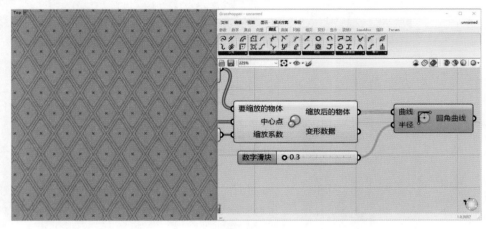

图6-68

11 隐藏缩放的菱形，选择电池工具栏中"集合"/"树"/"移植"电池，将"组合曲线"电池的"曲线"输出端连接"移植"电池的"要移植的树"输入端。选择电池工具栏中"曲线"/"分析"/"曲线之不连续性"电池，将"移植"电池的"移植后的树"输出端连接"曲线之不连续性"电池的"曲线"输入端，如图6-69所示。

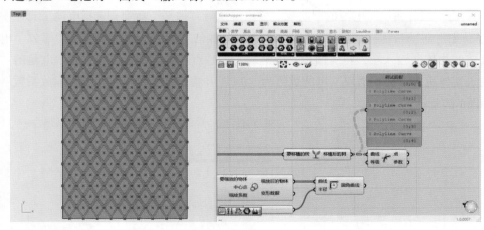

图6-69

12 选择电池工具栏中"曲线"/"样条曲线"/"构造NURBS曲线"电池，将"曲线之不连续性"电池的"点"输出端连接"构造NURBS曲线"电池的"控制点"输入端，如图6-70所示。

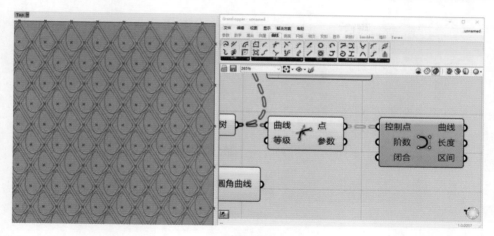

图6-70

13 选择电池工具栏中"集合"/"树"/"移植"电池,将"面积"电池的"中心点"输出端连接"移植"电池的"要移植的树"输入端。选择电池工具栏中"变形"/"仿射"/"缩放"电池,将"构造NURBS曲线"电池的"曲线"输出端连接"缩放"电池的"要缩放的物体"的输入端,将"移植"电池的"移植后的树"输出端连接"缩放"电池的"中心点"输入端。双击工作区执行"数字滑块"电池设置数值为"0.3",将数字滑块电池的输出端连接"缩放"电池的"缩放系数"输入端,如图6-71所示。

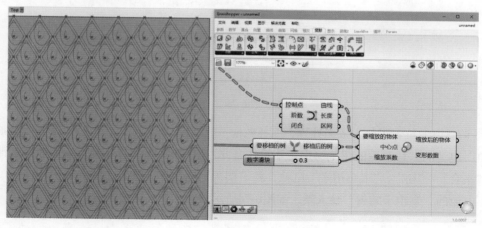

图6-71

技术要点

连接参数时要注意保持数据类型的统一,需要将面积中心点生成树形数据后连接缩放电池的中心点输入端。

14 在电池工具栏中选择"变形"/"欧几里得"/"移动"电池,将"缩放"电池的"缩放后的物体"输出端连接"移动"电池的"几何体"输入端。选择电池工具栏中"向量"/"向量"/"Z轴向量"电池,"Z轴向量"电池的"Z轴向量"输出端连接"移动"电池的"向量"输入端,如图6-72所示。

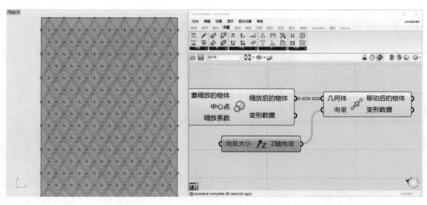

图6-72

15 选择电池工具栏中"数学"/"操作"/"取反"电池,将"取反"电池的"结果"输出端连接"Z轴向量"电池的"向量大小"输入端,双击工作区,执行"数字滑块"电池,设置数值为"0.5",将"数字滑块"电池的输出端连接"取反"电池的"值"输入端,如图6-73所示。

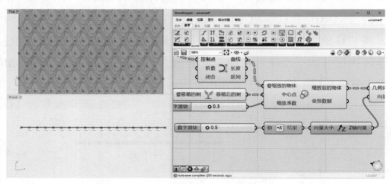

图6-73

16 调整电池位置进行生成面处理,选择电池工具栏中"集合"/"树"/"合并"电池,将"移植"电池的"移植后的树"输出端连接"合并"电池的"数据1"输入端。选择电池工具栏中"集合"/"树"/"末端拍平"电池,将"圆角"电池的"圆角曲线"输出端连接"末端拍平"电池的"要拍平的树"输入端,如图6-74所示。

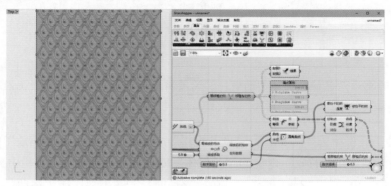

图6-74

17 选择电池工具栏中"集合"/"树"/"移植"电池,将"末端拍平"电池的"被拍平的树"输出端连接"移植"电池的"要移植的树"输入端，将"移植"电池的"移植后的树"输出端连接"合并"电池的"数据2"输入端，如图6-75所示。

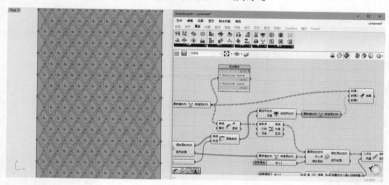

图6-75

18　选择电池工具栏中"曲面"/"自由变换"/"边界生面"电池，将"合并"电池的"结果"输出端连接"边界生面"电池的"边线"输入端，如图6-76所示。

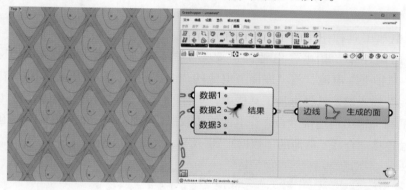

图6-76

19　选择电池工具栏中"集合"/"树"/"合并"电池，将"移植"电池的"移植后的树"输出端连接"合并"电池的"数据1"输入端。选择电池工具栏中"集合"/"树"/"末端拍平"电池，将"移动"电池的"移动后的物体"输出端连接"末端拍平"电池的"要拍平的树"输入端，将"末端拍平"电池的"被拍平的树"输出端连接"合并"电池的"数据2"输入端，如图6-77所示。

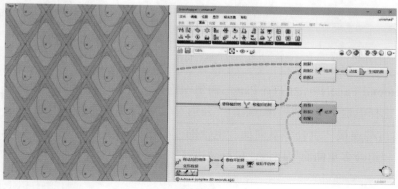

图6-77

20 选择电池工具栏中"曲面"/"自由变换"/"嵌面"电池,将"合并"电池的"结果"输出端连接"嵌面"电池的"要嵌面的曲线"输入端,如图6-78所示。将多余的面进行隐藏,查看生成的嵌面是否成功。

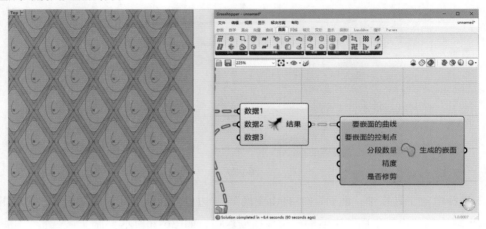

图6-78

21 选择电池工具栏中"集合"/"树"/"拍平"电池,将"边界生面"电池的"生成的面"输出端连接"拍平"电池的"要拍平的树"输入端。选择电池工具栏中"集合"/"树"/"拍平"电池,将"嵌面"电池的"生成的嵌面"输出端连接"拍平"电池的"要拍平的树"输入端。选择电池工具栏中"集合"/"树"/"合并"电池,将"拍平"电池的"拍平后的树"输出端连接"合并"电池的"数据1"输入端,将"拍平"电池的"拍平后的树"输出端连接"合并"电池的"数据2"输入端,如图6-79所示。

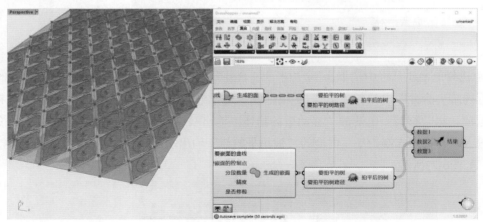

图6-79

22 将Diamond Panels电池的Tri Panels输出端连接"合并"电池的"数据3"输入端,如图6-80所示。选择电池工具栏中"曲面"/"公用"/"组合多重曲面"电池,将"合并"电池的"结果"输出端连接"组合多重曲面"电池的"要组合的多重曲面"输入端,如图6-81所示。然后右击"组合多重曲面"电池,执行"烘焙"命令。

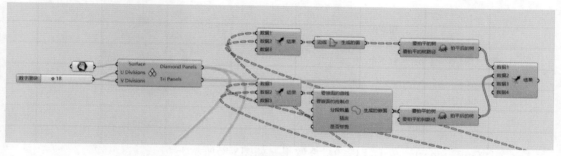

图6-80

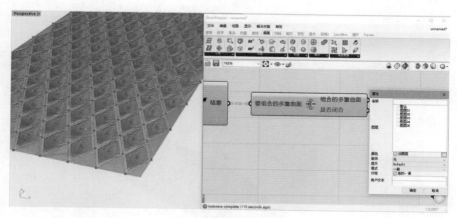

图6-81

23　在Rhino 7中，单击"变形控制器"按钮，选择曲面，在命令行中选择"立方体"，确定底面第一角、另一角和高度，设置"X点数"为7、"Y点数"为7、"Z点数"为7，"Z阶数"为5，"Y阶数"为5，"Z阶数"为5，设置"要编辑的范围"为"整体"，右击结束命令，如图6-82所示。

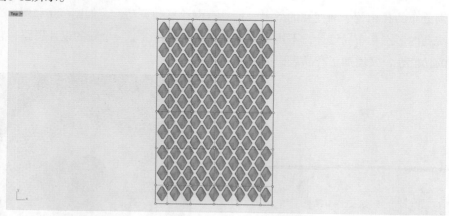

图6-82

24　单击"设置 XYZ 坐标"按钮，选择四个边缘的控制点，在弹出的"设置点"对话框中，勾选"设置Z"，单击"确定"按钮，如图6-83所示。曲面四边出现渐变效果，在Perspective视图中将制作完成的曲面移动到矩形实体上，加入材质增加效果，如图6-84所示。

图6-83　　　　　　　　　　　　　　　　图6-84

25 关闭Grasshopper，菱形纹理的最终效果，如图6-85所示。

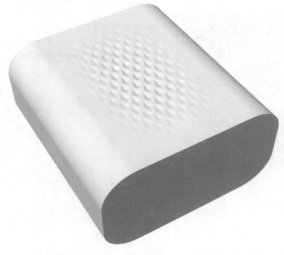

图6-85

6.7.3　制作随机分布效果

不规则分布的孔相较于渐变孔的效果，更具有设计感和灵动性，如图6-86和图6-87所示。想突破传统孔的形态和布局设计，不规则分布式的孔无疑提供了一个新的设计思路，它不仅满足了产品的功能性，又增加了产品表面的艺术性。

图6-86

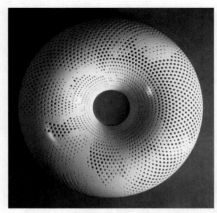

图6-87

本节以制作三角形纹理效果为例，介绍随机分布效果的制作方法，如图6-88所示。制作本案例需要注意"点拉回"电池的运用。

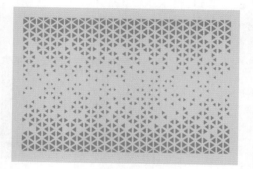

图6-88

01 启动Rhino 7软件，在Top视图中建立一个长度为300mm×200mm的矩形曲面。打开Grasshopper，选择电池工具栏中"参数"/"几何"/"曲面"电池，右击"曲面"电池，执行"设置一个Surface"命令，单击矩形，此时矩形被拾取到Grasshopper中，如图6-89所示。

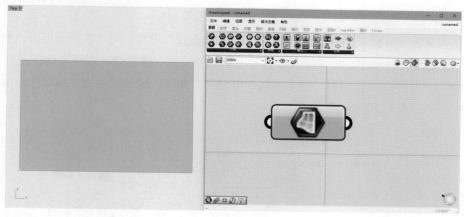

图6-89

02 选择电池工具栏中LunchBox/Panels/Triangle Panels B电池，将"曲面"电池的输出端连接Triangle Panels B电池的Surface输入端。双击工作区，设置"数字滑块"电池数值为30，连接Triangle Panels B电池的U Divisions和V Divisions输入端，如图6-90所示。

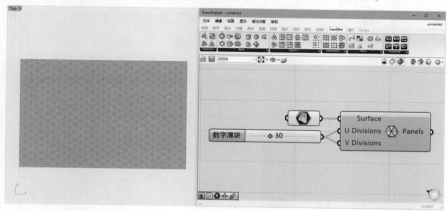

图6-90

03 选择电池工具栏中"曲面"/"分析"/"多重曲面边提取"电池，将Triangle Panels B电池的Panels输出端连接"多重曲面边提取"电池的"多重曲面"输入端，如图6-91所示。

143

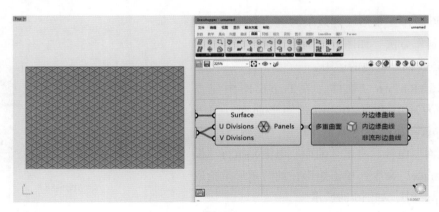

图6-91

04 选择电池工具栏中"曲线"/"公用"/"组合曲线"电池，将"多重曲面边提取"电池的"外边缘曲线"输出端连接"组合曲线"电池的"曲线"输入端。选择电池工具栏中"集合"/"树"/"拍平"电池，将"组合曲线"电池的"曲线"输出端连接"拍平"电池的"要拍平的树"输入端，如图6-92所示。

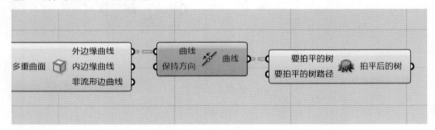

图6-92

05 选择电池工具栏中"曲面"/"分析"/"面积"电池，将"拍平"电池的"拍平后的树"输出端连接"面积"电池的"几何面"输入端。选择电池工具栏中"变形"/"仿射"/"缩放"电池，将"拍平"电池的"拍平后的树"输出端连接"缩放"电池的"要缩放的物体"输入端，将"面积"电池的"中心点"输出端连接"缩放"电池的"中心点"输入端，如图6-93所示。

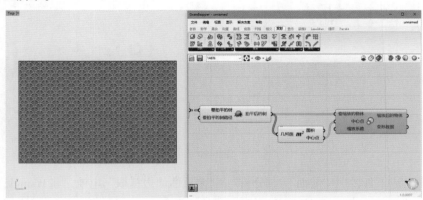

图6-93

06 选择电池工具栏中"向量"/"点"/"点拉回"电池，在矩形曲面中点处绘制一条直线作为"点拉回"电池的几何体，如图6-94所示。

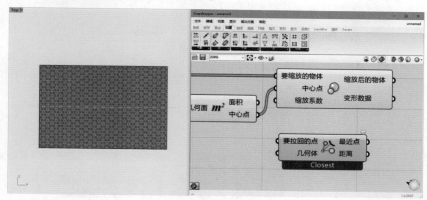

图6-94

07 将"面积"电池的"中心点"输出端连接"点拉回"电池的"要拉回的点"输入端。选择电池工具栏中"参数"/"几何"/"曲线"电池，右击"曲线"电池/"设置一个Curve"，将直线拾取到Grasshopper中，将"曲线"电池的输出端连接"点拉回"电池的"几何体"输入端，如图6-95所示。

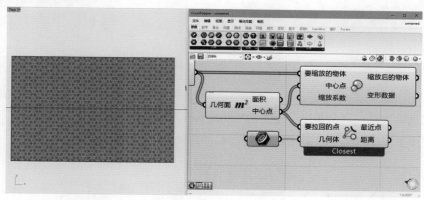

图6-95

08 选择电池工具栏中"数学"/"区间"/"区间映射"电池，将"点拉回"电池的"距离"输出端连接"区间映射"电池的"数值"输入端。选择电池工具栏中"数学"/"区间"/"一维边界"电池，将"点拉回"电池的"距离"输出端连接"一维边界"电池的"数字"输入端，将"一维边界"电池的"区间"输出端连接"区间映射"电池的"源区间"输入端，如图6-96所示。

09 选择电池工具栏中"数学"/"区间"/"构造一维区间"电池，将"构造一维区间"电池的"一维区间"输出端连接"区间映射"电池的"目标区间"输入端。双击工作区，设置"数字滑块"电池数值为0.3和0.7，分别连接"构造一维区间"电池的"区间开始"和"区间结束"输入端，将"区间映射"电池的"映射后的值"输出端连接"缩放电池"的"缩放系数"输入端，如图6-97所示。

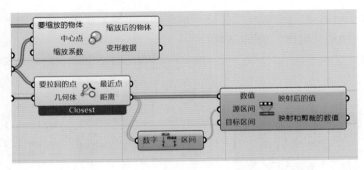

图6-96

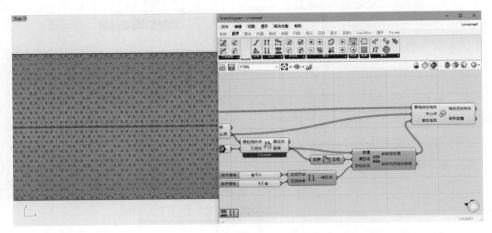

图6-97

10 选择电池工具栏中"集合"/"列表"/"同步排序"电池，将"缩放"电池的"缩放后的物体"输出端连接"同步排序"电池的Values A输入端，将"点拉回"电池的"距离"输出端连接"同步排序"电池的"键列表"输入端，如图6-98所示。

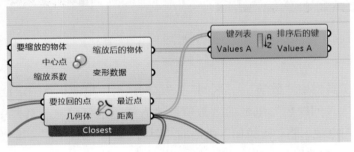

图6-98

11 选择电池工具栏中"集合"/"序列"/"随机打乱"电池，将"同步排序"电池的Values A输出端连接"随机打乱"电池的"列表"输入端。双击工作区，设置"数字滑块"电池的数值为0.5和1，分别连接"随机打乱"电池的"打乱强度"和"随机种子"输入端，如图6-99所示。

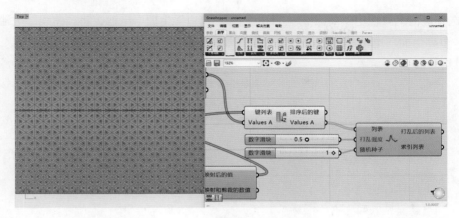

图6-99

12 选择电池工具栏中"集合"/"列表"/"分割列表"电池,将"随机打乱"电池的"打乱后的列表"输出端连接"分割列表"电池的"列表"输入端。双击工作区,设置"数字滑块"电池的数值为200,连接"分割列表"电池的"索引"输入端,如图6-100所示。

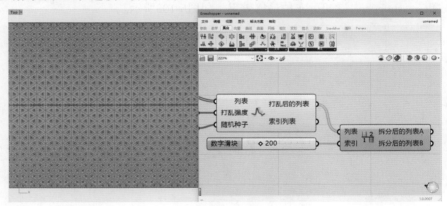

图6-100

13 选择电池工具栏中"参数"/"几何"/"曲线"电池,将"分割列表"电池的"拆分后的列表B"输出端连接"曲线"电池的输入端,如图6-101所示。

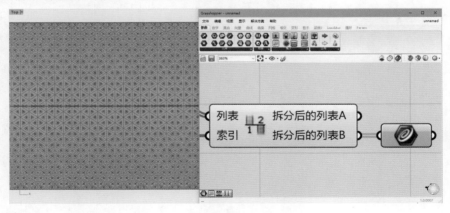

图6-101

147

14 选择电池工具栏中"曲面"/"自由变换"/"边界生面"电池，将"曲线"电池的输出端连接"边界生面"电池的"边线"输入端，如图6-102所示。然后右击"边界生面"电池，执行"烘焙"命令。

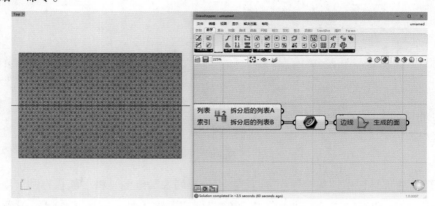

图6-102

15 关闭Grasshopper，随机分布的最终效果，如图6-103所示。

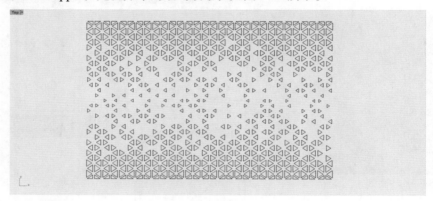

图6-103

第 **7** 章

Grasshopper参数化建模案例实践

主要内容：本章通过案例讲述不同纹理造型的参数化建模方法，如曲面流动优化、波浪纹理、干扰曲面纹理等。

教学目标：通过对本章的学习，使读者掌握多种纹理造型的绘制方法，以及灵活运用Grasshopper的参数化建模命令。

学习要点：不同纹理造型的建模方法，Grasshopper参数化建模命令的使用方法。

Product Design

7.1 拓扑球体案例

本节主要讲解如何制作曲面流动优化，并形成球体。在绘制案例前需要对基本形态进行分析，寻找规律，找出独立的单元模块，以及掌握Grasshopper中的变形命令。

本案例为制作拓扑球体，如图7-1所示。希望通过本案例的绘制，读者能够举一反三，找到单元模块的规律，对同类纹理也可以运用此方法进行建模。

01 启动Rhino 7软件，执行工具列中的"矩形"命令，以(0，0)点建立一个100mm×100mm的矩形，再以(0，0)点为圆心，建立半径为50mm的圆形，如图7-2所示。

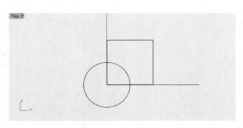

图7-1

图7-2

02 将矩形外部的圆修剪掉，形成圆弧曲线，将圆弧曲线向Z轴正方向移动，移动距离为15，如图7-3所示。绘制一条内插点曲线，连接(0，0)点与圆弧任意端点，设置"阶数=5"，如图7-4所示。

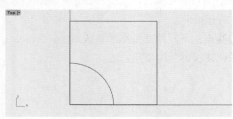

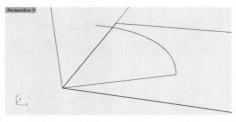

图7-3

图7-4

03 打开曲线控制点，如图7-5所示。在菜单栏中执行"变动"/"设置XYZ坐标"命令，依次选取曲线前三个控制点，在弹出的"设置点"对话框中勾选"设置Z"，单击"确定"按钮，如图7-6所示。然后确定"点的位置"为(0，0)点，单击结束对齐命令操作，再调整曲线控制点，将线变得平滑，如图7-7所示。

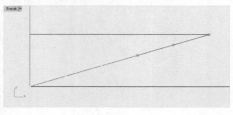

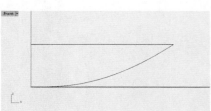

图7-5

图7-6

图7-7

04 右击"沿着路线旋转"按钮 ，依次选取轮廓曲线和路径曲线，以Z轴为旋转轴，单击结束操作，形成曲面，如图7-8所示。利用镜像工具将该曲面进行多次镜像，形成如图7-9所示的效果。

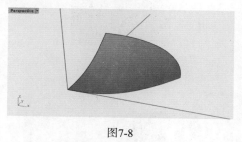

图7-8

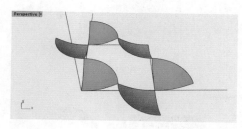

图7-9

05 单击XNurbs按钮 ，会弹出XNurbs对话框，如图7-10所示。按顺序依次选中六个曲面的内侧边缘，勾选"显示预览"，其他选项默认，单击"创建"按钮，完成曲面的建立，如图7-11所示。

图7-10

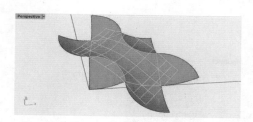

图7-11

技术要点

XNurbs为高级补面插件，在绘制本章案例前要将XNurbs插件安装好，才能进行制作。XNurbs的功能是计算出较以往更佳的曲面品质，运算出的G1曲面，其连续性精度更高、误差更小。它还可以配合Rhino 7的"建构历史"使用，创建曲面后随时通过"编辑"选项返回修改设定。

06 将4个曲面删除，并组合剩余的3个曲面，如图7-12所示。单击"矩形阵列"按钮 ，选中曲面，在命令行中设置"X方向的数目"为5，"Y方向的数目"为5，"Z方向的数目"为1，右击结束命令，如图7-13所示。

07 在"细分工具"标签下单击"创建细分球体"按钮 ，创建一个半径为200的细分球体，如图7-14所示。单击"将物件转化为NURBS"按钮 ，将细分球体转化为NURBS球体，同时删除细分球体，如图7-15所示。

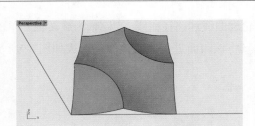
图7-12

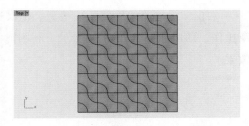
图7-13

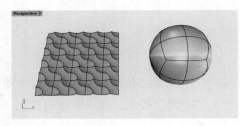
图7-14

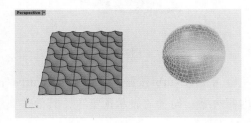
图7-15

08 将NURBS球体炸开，只保留顶部曲面，将其余曲面删除，如图7-16所示。单击"重建曲面"按钮，弹出"重建曲面"对话框，设置"点数"的U为80，V为80，设置"阶数"的U为5，V为5，单击"确定"按钮，完成重建曲面，如图7-17所示。

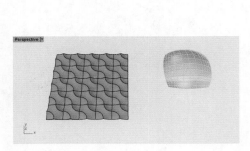
图7-16

图7-17

09 在菜单栏中，执行"曲线"/"从物件建立曲线"/"建立UV曲线"命令，选取弧形曲面的四个边缘作为建立UV曲线的曲面和点，自动生成一个UV曲线，如图7-18所示。

图7-18

10 利用二轴缩放工具将曲面缩放至UV曲线中,如图7-19所示。单击"以平面曲线建立曲面"按钮 ◎ ,选取UV曲线,右击确定,将UV曲线建立成曲面,如图7-20所示。

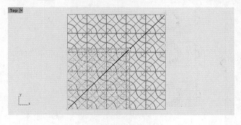 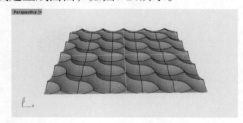

图7-19   图7-20

11 打开Grasshopper,在电池工具栏中,选择"变形"/"变形"/"UV点变形"电池 ◢,再选择"参数"/"几何"/"多重曲面"电池 ◉ ,右击"多重曲面"电池,执行"设置多个Breps"命令,拾取多重曲面,此时多重曲面被拾取到Grasshopper中,如图7-21所示。

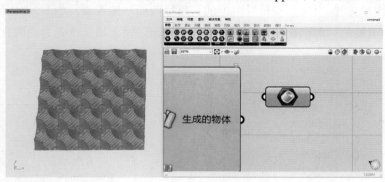

图7-21

12 在电池工具栏中,执行"参数"/"几何"/"曲面"电池 ◉ ,右击"曲面"电池,执行"设置一个Surface"命令,单击UV曲面,此时UV曲面被拾取到Grasshopper中,如图7-22所示。

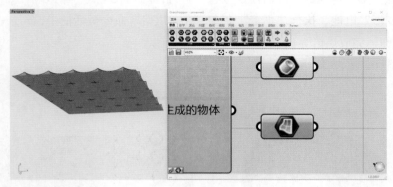

图7-22

13 在电池工具栏中,选择"参数"/"几何"/"曲面"电池 ◉ ,右击"曲面"电池,执行"设置一个Surface"命令,拾取重建曲面加入Grasshopper中,如图7-23所示。

153

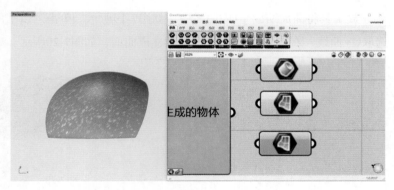

图7-23

14 将"多重曲面"电池的输出端连接"UV点变形"电池的"要变形的物体"输入端，将第一个"曲面"电池的输出端连接"UV点变形"电池的"源曲面"输入端，将第二个"曲面"电池的输出端连接"UV点变形"电池的"目标曲面"输入端，如图7-24所示。分别右击"UV点变形"电池的"源曲面"输入端与"目标曲面"输入端，设置为"简化"，如图7-25所示。

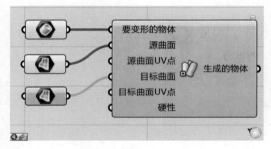

图7-24

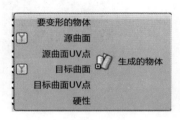

图7-25

15 在电池工具栏中，选择"向量"/"点"/"构造点"电池 ，将"构造点"电池的输出端连接"UV点变形"电池的"源曲面UV点"与"目标曲面UV点"输入端，如图7-26所示。右击"UV点变形"电池，执行"烘焙"命令，在"烘焙"命令对话框中，勾选"分组"，单击"确定"按钮，完成烘焙。

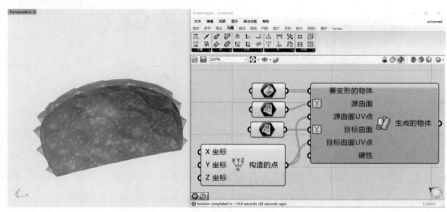

图7-26

技术要点

此时观察视图中流动的多重曲面是否破面，若出现破面，则需要重新绘制一遍曲面。

16 关闭Grasshopper，选取曲面，将其他物件隐藏，进行多次复制，组成完整的球体，如图7-27和图7-28所示。

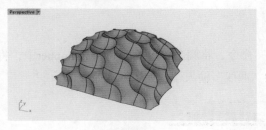

图7-27

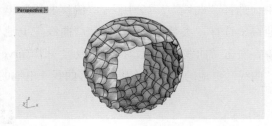

图7-28

17 拓扑球体的最终效果，如图7-29所示。

图7-29

7.2 智能手环案例

本节主要讲解如何制作干扰曲面纹理，让产品具有丰富的装饰细节。通过对产品的制作，使读者掌握基本纹理的形态构成，找出线条规律，再以Rhino的建模化思维灵活使用Grasshopper中所涉及的命令电池。

纹理形状一般多应用于手环、音箱、香薰机等小产品中，可根据实际需要进行设计。本案例为制作智能手环，如图7-30所示。希望通过本案例的绘制，读者可以举一反三，绘制同类型纹理。

01 启动Rhino 7软件，单击"抽离曲面"按钮，选取手环带曲面，单击"确定"按钮，抽离该曲面，如图7-31所示。单击"建立UV曲线"按钮，选取手环带曲面，建立UV曲线，用曲线建立平面，如图7-32所示。

图7-30

图7-31

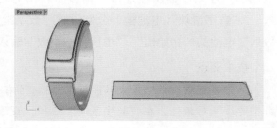

图7-32

02 单击"圆角矩形"命令，在建立的曲面中点处绘制一个长度为20mm、圆角半径为2.25mm的圆角矩形，如图7-33所示。

03 启动Grasshopper插件，在电池工具栏中，选择"曲线"/"公用"/"偏移曲线"电池 ，选择"参数"/"几何"/"曲线"电池

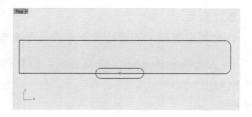

图7-33

，右击"曲线"电池，执行"设置一个Curve"命令，将圆角矩形拾取到Grasshopper中，将"曲线"电池的输出端连接"偏移曲线"电池的"曲线"输入端，如图7-34所示。

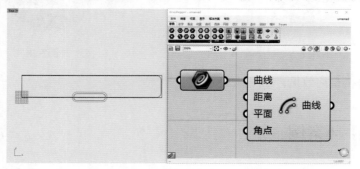

图7-34

04 选择"参数"/"几何"/"曲面"电池 ，右击"曲面"电池，执行"设置一个Surface"命令，将圆角矩形曲面拾取到Grasshopper中，然后将"曲面"电池的输出端连接"偏移曲线"电池的"平面"输入端，如图7-35所示。

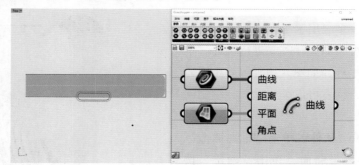

图7-35

05 在电池工具栏中，选择"集合"/"序列"/"等差数列"电池 ，将"等差数列"电池的"序列"输出端连接"偏移曲线"电池的"距离"输入端。选择三次"参数"/"输入"/"数字滑块"电池 ，分别设置"数字滑块"电池的数值为1、1、24，分别连接"等差数列"电池的"初始值""步长""个数"输入端，如图7-36所示。

技术要点

若数字滑块的数字最大只能滑动到1，可右击"数字滑块"/"编辑"命令，会弹出"Siden数字滑块"对话框，在"数字区间"选项，设置"最大"为50或更大，单击"确定"按钮完成设置。这样数字滑块的数值可以滑动到20，如图7-37所示。

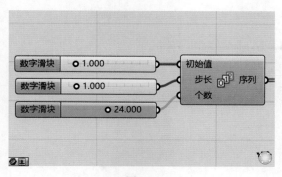

图7-36   图7-37

06 右击"偏移曲线"电池的"曲线"输出端，执行"拍平"命令。选择两次电池工具栏中"集合"/"序列"/"剔除索引"电池 ▓，将两个"剔除索引"电池的"列表"输入端连接"偏移曲线"电池的"曲线"输出端，如图7-38所示。

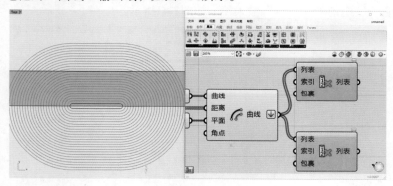

图7-38

07 在电池工具栏中，选择两次"参数"/"输入"/"调试面板"电池 ▓，右击"调试面板"电池，执行"多行数据"命令，双击进入"调试面板"电池输入界面，分别输入数值-1、0，分别连接"剔除索引"电池的"索引"输入端，如图7-39所示。

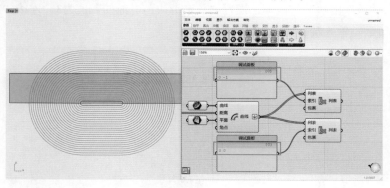

图7-39

08 在电池工具栏中，选择两次"曲线"/"分析"/"曲线之终点"电池 ╱，分别将"曲线之终点"电池的"曲线"输入端连接"剔除索引"电池的"列表"输出端，如图7-40所示。

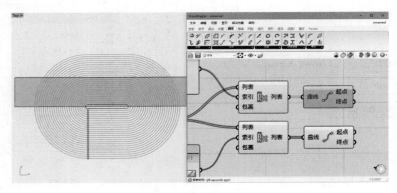

图7-40

09 在电池工具栏中，选择"曲线"/"初始"/"直线"电池 ✐，将"曲线之终点"电池A 的"起点"输出端连接"直线"电池的"起点"输入端，将"曲线之终点"电池B的"起点"输出端连接"直线"电池的"终点"输入端，如图7-41所示。

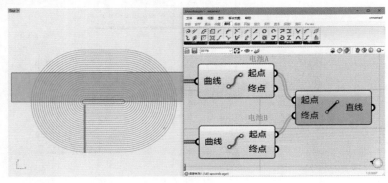

图7-41

10 在电池工具栏中，选择"曲线"/"等分"/"曲线之段数等分"电池 ✐，将"直线"电池的"直线"输出端连接"曲线之段数等分"电池的"要等分的曲线"输入端。选择"参数"/"输入"/"数字滑块"电池 ▦，设置"数字滑块"电池的数值为3，连接"曲线之段数等分"电池的"段数"输入端，如图7-42所示。

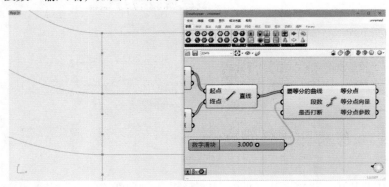

图7-42

11 选择"集合"/"列表"/"查特定项"电池 ▥，将"曲线之段数等分"电池的"等分点"输出端连接"查特定项"电池的"列表"输入端。选择电池工具栏中"参数"/"输入"/"调试面板"电池，右击"调试面板"电池，执行"多行数据"命令，双击进入"调试面板"电池输入界面，输入数字1，按Enter键，再输入数字2，连接"查特定项"电池的"索引"输入端，如图7-43所示。

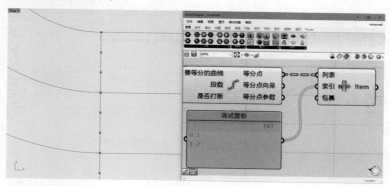

图7-43

12 在电池工具栏中，选择"变形"/"欧几里得"/"移动"电池，将"查特定项"电池的输出端连接"移动"电池的"几何体"输入端。右击"移动"电池的"向量"输入端，执行"表达式"命令，输入-x，单击"提交更改"，如图7-44所示。

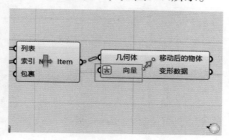

图7-44

13 选择电池工具栏中"向量"/"向量"/"Z轴向量"电池，将"Z轴向量"电池的"Z轴向量"输出端连接"移动"电池的"向量"输入端。选择"参数"/"输入"/"数字滑块"电池，设置"数字滑块"电池的数值为0.2，连接"Z轴向量"电池的"向量大小"输入端，如图7-45所示。

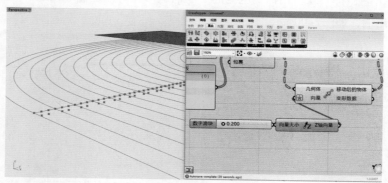

图7-45

14 在电池工具栏中，选择"集合"/"列表"/"列表替换"电池 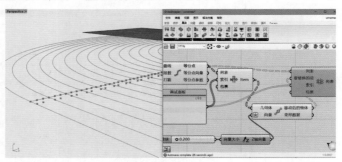，将"曲线之段数等分"电池的"等分点"输出端连接"列表替换"电池的"列表"输入端。将"移动"电池的"移动后的物体"输出端连接"列表替换"电池的"要替换的项"输入端，将"调试面板"连接"列表替换"电池的"索引"输入端，如图7-46所示。

图7-46

15 在电池工具栏中，选择"曲线"/"样条曲线"/"构造NURBS曲线"电池 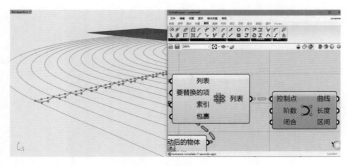，将"列表替换"电池的"列表"输出端连接"构造NURBS曲线"电池的"控制点"输入端，如图7-47所示。

图7-47

16 选择"曲面"/"自由变换"/"双轨扫掠"电池 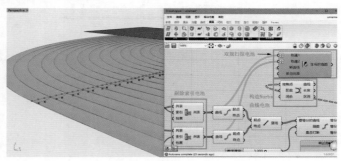，右击"双轨扫掠"电池的"轨道1""轨道2"输入端，执行"移植"命令，将"双轨扫掠"电池的"轨道1"输入端连接"剔除索引"电池的"列表"输出端，将"双轨扫掠"电池的"轨道2"输入端连接"剔除索引"电池的"列表"输出端，将"双轨扫掠"电池的"断面线"输入端连接"构造NURBS曲线"电池的"曲线"输出端，如图7-48所示。

图7-48

17 右击"双轨扫掠"电池，执行"烘焙"命令，在"分组"中勾选"是的"复选框，将生成的曲面烘焙到Rhino 7中，如图7-49所示。

18 将烘焙的曲面进行组合，对组合的边缘进行倒圆角，设置圆角半径为1，如图7-50所示。将纹理曲面内边缘移动到矩形曲面底部边缘曲对齐，目的是截取部分纹理曲面，作为手环带的装饰，如图7-51和图7-52所示。

19 使用矩形曲线，修剪曲面纹理，如图7-53所示。

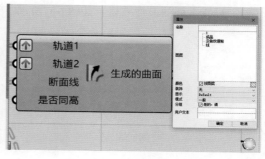

图7-49

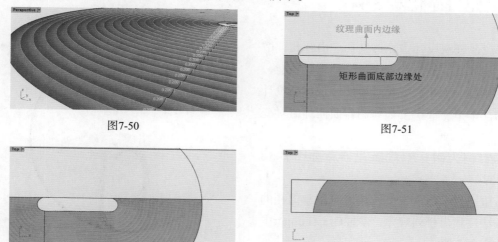

图7-50

图7-51

图7-52

图7-53

20 为分割完成的纹理曲面建立一个方形控制器，在菜单栏中执行"变动"/"变形控制器编辑"/"变形控制器编辑"命令，在命令行中选取"边框方块"，坐标系统选取"工作平面"，"X点数"为10、"Y点数"为10、"Z点数"为4，要编辑的范围为"整体"，完成控制点建立，如图7-54所示。单击"设置XYZ坐标"按钮，选取纹理曲面四边的控制点，弹出"设置点"对话框，勾选"设置Z"复选框，单击"确定"按钮，将控制点进行对齐，如图7-55所示。

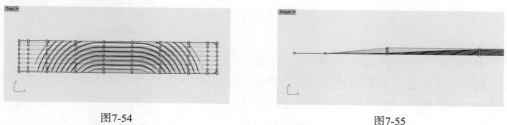

图7-54

图7-55

21 单击"沿着曲面流动"按钮，选取纹理曲面，选取UV曲面为"基准曲面"，选取手环带抽离出的曲面为"目标曲面"，在命令行中设置"维持结构=否"，单击"结束"命令完成操作，如图7-56所示。

22 智能手环的最终效果，如图7-57所示。

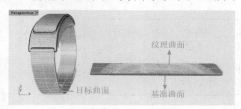

图7-56

图7-57

7.3 空气净化器案例

在产品外观设计中，透气孔、出音孔、散热孔、出风孔、洒水孔等作为一种重要功能，其孔的排列、大小的变化是最能体现产品设计细节的。本节主要讲解如何制作曲面等值对变纹理。

本案例为制作空气净化器，如图7-58所示。

希望通过学习本案例，读者可以掌握孔的排列方法，找出排列规律，掌握Grasshopper中涉及的命令电池。

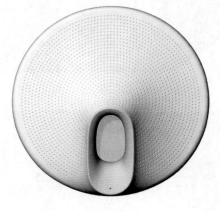

图7-58

01 单击"抽离曲面"按钮 ，选取曲面进行抽离，右击确定，如图7-59所示。单击"偏移曲面"按钮 ，选取已抽离的曲面，在命令行中设置偏移"距离"为1mm，"实体"为否，右击"确定"按钮，如图7-60所示。

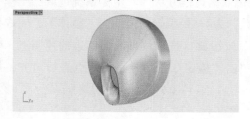

图7-59

图7-60

02 在菜单栏中，执行"变动"/"设置XYZ坐标"命令，选取偏移得到的曲面，弹出"设置点"对话框，如图7-61所示。勾选"设置Y"复选框，单击"确定"按钮，在命令行中设置"复制"为"是"，单击结束操作，如图7-62和图7-63所示。

图7-61

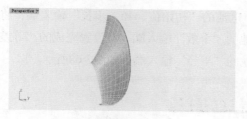

图7-62

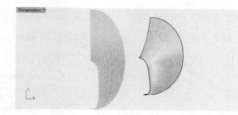

图7-63

03 以对齐Y轴后的曲面端点为圆心，绘制一个半径为140mm的圆，如图7-64所示。将圆向上移动，移动距离为7，使用"单点"工具标记出圆的圆心，如图7-65所示。

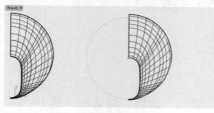

图7-64

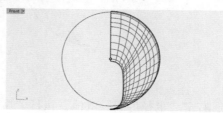

图7-65

04 打开Grasshopper，在电池工具栏中，选择"参数"/"几何"/"点"电池 ⬡，右击"点"电池，执行"设置一个Point"命令，拾取视图中圆的中心点加入 Grasshopper中，选择电池工具栏中"向量"/"平面"/"XZ平面"电池 ⬛，将"点"电池的输出端连接"XZ平面"电池的"原点"输入端，如图7-66所示。

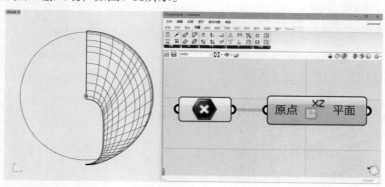

图7-66

05 选择电池工具栏中的"曲线"/"初始"/"半径生圆"电池 ◎，将"XZ平面"电池的"平面"输出端连接"半径生圆"电池的"平面"输入端，如图7-67所示。

06 选择电池工具栏中"集合"/"序列"/"等差数列"电池 ▦，再选择两次"参数"/"输入"/"数字滑块"电池，分别设置"数字滑块"电池的数值为5、28，

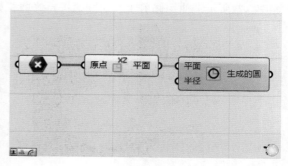

图7-67

163

将数值为5的"数字滑块"电池连接"等差数列"电池的"初始值"和"步长"输入端，将数值为28的"数值滑块"电池连接"等差数列"电池的"个数"输入端。将设置完成的"等差数列"电池的"序列"输出端连接"半径生圆"电池的"半径"输入端，如图7-68所示。

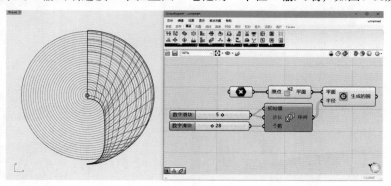

图7-68

07 右击"半径生圆"电池，执行"烘焙"命令，弹出"属性"对话框。选中"练习文件"，在"分组"中勾选"是的"复选框，单击"确定"按钮，将得到的圆烘焙到Rhino 7中，如图7-69所示。在Front视图中，使用曲面修剪掉不在曲面上的圆形，如图7-70所示。

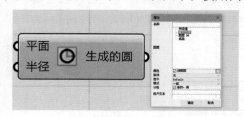

图7-69

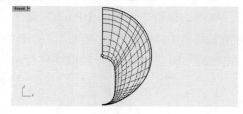

图7-70

08 单击"沿着曲面流动"按钮，选取曲线，再选取偏移后的曲面为"基准曲面"，选中偏移的曲面为"目标曲面"，设置"维持结构"为否，单击结束操作，修剪完的曲线会流动到偏移的曲面上，如图7-71所示。

09 将视角切换为Right，绘制两条直线，如图7-72所示。使用修剪工具对圆弧进行修剪，如图7-73所示。

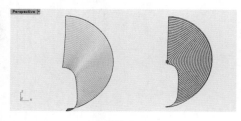

图7-71

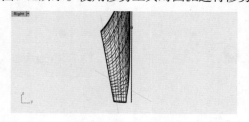

图7-72

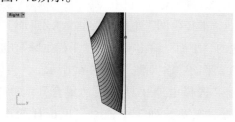

图7-73

⑩　打开Grasshopper，在电池工具栏中选择"曲线"/"等分"/"曲线之段数等分"电池 ✐，再选择电池工具栏中的"参数"/"几何"/"曲线"电池 ●，右击"曲线"电池，执行"设置多个Curve"命令，拾取圆弧曲线加入 Grasshopper中，将"曲线"电池的输出端连接"曲线之段数等分"电池的"要等分的曲线"输入端，如图7-74所示。

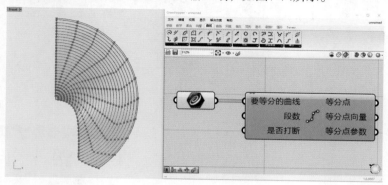

图7-74

⑪　在电池工具栏中，选择"数学"/"操作"/"除法"电池 ✖，再选择"曲线"/"分析"/"测量长度"电池 ✐，将"曲线"电池的输出端连接"测量长度"电池的"曲线"输入端，将"测量长度"电池的"长度"输出端连接"除法"电池的"被除数"输入端。双击工作区，设置"数字滑块"电池的数值为5，并连接"除法"电池的"除数"输入端。将"除法"电池"结果"输出端连接"曲线之段数等分"电池的"段数"输入端，如图7-75所示。

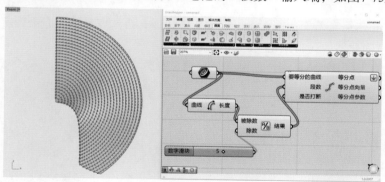

图7-75

⑫　在电池工具栏中，选择"曲面"/"初始"/"球"电池 ●，右击"曲线之段数等分"电池的"等分点"输出端，执行"拍平"命令，将数据拍平。将"曲线之段数等分"电池的"等分点"输出端连接"球"电池"平面"输入端。双击工作区，设置"数字滑块"电池的数值为1.5，并连接"球"电池的"半径"输入端，如图7-76所示。

⑬　右击"球"电池，执行"烘焙"命令，将球烘焙到Rhino 7中，如图7-77和图7-78所示。删除偏移的曲面，将抽离出的曲面与整体组合。

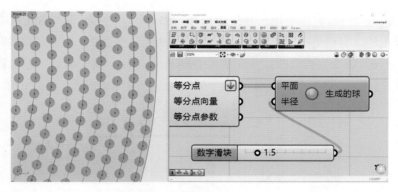

图7-76

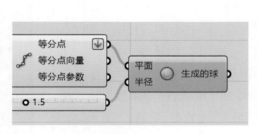

图7-77

图7-78

14 单击"布尔运算差集"按钮 ，选中实体曲面，再选取球体，右击确定，如图7-79所示。此时，空气净化器的孔制作完成，如图7-80所示。

图7-79

图7-80

15 绘制一条中心线，将另一侧没有纹理的曲面修剪掉，使用镜像工具将有纹理的曲面进行镜像，如图7-81所示。

16 将镜像完成的曲面进行组合，完成空气净化器的制作，如图7-82所示。

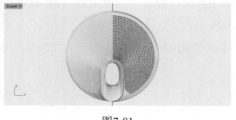

图7-81

图7-82

第 8 章

RhinoGold珠宝首饰建模基础

主要内容： 本章对RhinoGold插件进行基础功能的讲解，为后续RhinoGold插件在珠宝首饰设计实践中的应用打好基础。

教学目标： 通过对本章的学习，使读者对RhinoGold插件有所了解并能熟练运用。

学习要点： 熟悉RhinoGold插件的快速表现形式，掌握RhinoGold插件的基础命令。

8.1　RhinoGold在珠宝首饰设计中的应用

　　RhinoGold是一款针对Rhino软件开发的适用于珠宝设计的插件，使用者可以快速、轻松地创建珠宝模型。RhinoGold具有独立的操作界面，内置丰富的珠宝首饰琢型和逼真的金属、宝石材质样式，具有自动排石和生成不同尺寸戒圈等功能，还可以为珠宝首饰设计提供现有的宝石模型并进行智能曲线绘制。由此可见，RhinoGold无疑是一款优秀的珠宝首饰建模数字工具。

　　RhinoGold可以为珠宝首饰设计草图并进行快速的表现和展示，从而更好地构建出珠宝造型。例如，通过定向选择可以在模型中不同的点、线、面形态上进行宝石的特定排布，如图8-1～图8-3所示。也可通过"曲线"或"智能曲线"功能进行珠宝形体的制作及表现，后期可通过编辑点丰富珠宝的外观形态，进而达到更好的珠宝展示效果，如图8-4～图8-6所示。

图8-1　　　　　　　　　　　　图8-2　　　　　　　　　　　　图8-3

图8-4　　　　　　　　　　　　图8-5　　　　　　　　　　　　图8-6

8.2 RhinoGold界面介绍

根据功能的不同，RhinoGold的操作界面可以分为5个部分，如图8-7所示。

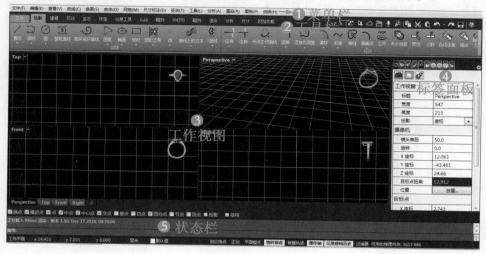

图8-7

8.2.1 菜单栏

菜单栏中包含"文件""编辑""查看""曲线""曲面""实体""网格""尺寸标注"等菜单。通过菜单栏可以快速了解和使用RhinoGold的全部功能，提高操作效率。

8.2.2 工具栏

工具栏是以图标结合文字的形式显示指令，是RhinoGold命令的集中地。通过图标与文字的结合能够清晰地展现各命令功能，易于操作，如图8-8所示。工具栏右侧设有"取消""重做""保存""复制""切割"等其他命令。

图8-8

8.2.3 工作视窗

工作视窗是RhinoGold建模操作和显示的主要区域，包括Top顶视图、Front前视图、Right右视图、Perspective透视图，如图8-9所示。

单击菜单栏中"查看"/"设置视图"命令，可以更改视图预设，查看更多视图，如底视图、左视图、后视图、两点透视图和等角视图等，也可以改变视图的尺寸比例等。

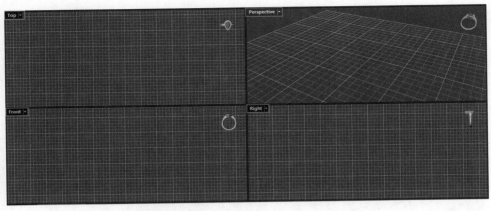

图8-9

8.2.4 标签面板

RhinoGold标签面板中，常用的是"属性"和"图层"两个标签中的功能。在本章节中，针对"属性"和"图层"两种标签面板进行讲解，其他对话框不一一赘述。

1."属性"标签

"属性"标签，在默认状态下显示工作视窗的属性，在选取特定的模型时，主要用来显示和编辑模型的属性，如图8-10所示。标签面板中还包含工作室窗的标题、宽度、高度、投影等信息；摄像机的镜头焦距、旋转、XYZ坐标、位置等信息；目标点和底色图案的相关信息。

2."图层"标签

"图层"标签，是视图中所有模型的集中管理地，可对场景中模型所对应的图层进行管理，如显示或隐藏、锁定或解锁、色彩设定、图层添加或删除及复制等操作，还具有对图层进行重命名、改变图层顺序、合并图层等操作方式，如图8-11所示。

图8-10

图8-11

选取模型时，既可以在图层标签中改变模型的属性，也可以在属性标签中对模型进行"物件"设置。在选取模型图层后，单击"属性"标签，便可在其中修改模型的名称、所属图层、显示颜色等属性，如图8-12所示。

> **技术要点**
>
> RhinoGold模型需导入KeyShot软件中渲染，而在KeyShot中赋予材质时也会按照图层的方式进行分配，处于同一图层会被赋予同一材质。

8.2.5　状态栏

状态栏用于显示各类状况与相关指令文本输出的控制条，输出窗格通常用于信息行和状态指示器，如图8-13所示。

图8-12

图8-13

锁定格点：可以对视图中的背景网格进行锁定及解锁。

正交窗格：可以对视图使用正交模式，右击可对正交角度和模式进行设置。

平面模式：可以对视图进行平面模式切换。

物件锁点：单击"物件锁点"会弹出物件锁点工具列，如图8-14所示。勾选相应选项后，建模时光标在靠近相应点后会自动捕捉到这些点。

☑端点　☑最近点　☑点　☑中点　☑中心点　☑交点　■垂点　■切点　■四分点　■节点　■顶点　■投影　■停用

图8-14

智慧轨迹：智慧轨迹是以作业视窗中不同的3D点、几何图形及坐标轴向建立暂时性的辅助线和辅助点。单击智慧轨迹可以锁定轨迹线的交点、垂直点或直接锁定智慧点。右击可设置智慧轨迹的颜色、智慧点的最大数目，以及智慧轨迹的特性。

操作轴：可以对模型进行快速移动、旋转和缩放等操作。

记录建构历史：可以记录模型单击指令前后的因果变化关系。

过滤器：单击过滤器会弹出"选取过滤器"对话框，勾选相应选项后，可以按照选取模型的属性对选取物进行筛选，如图8-15所示。

图8-15

8.3 RhinoGold常用功能介绍

8.3.1 浏览器

浏览器位于右侧标签对话框中，单击"RhinoGold浏览器" 对话框，可以查看现有模型资料。单击模型资料夹名称前的+按钮可进入模型的二级菜单，单击模型二级菜单名称前的+按钮可进入三级菜单的子文件，右击可以进入宝石的编辑页面，如图8-16所示。

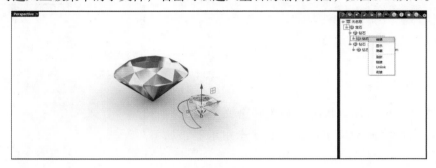

图8-16

对珠宝首饰模型的形态、种类及参数进行编辑，调整好相应的参数后，单击参数框下方的 按钮确认，如图8-17所示。

图8-17

8.3.2 材质库

材质库位于右侧标签栏对话框中，单击"材质库" 对话框，可以查看不同材质的资料夹，如图8-18所示。

材质库的应用对于珠宝首饰的初期视觉效果起到了不可或缺的作用。模型材质越逼真，后期的渲染效果就越真实，所以需要使用者对"材质库"有一定的了解，才有可能渲染出理想的效果。

"材质库"中包含了多种材质资料夹，也可以将创建的模型保存在新建文件夹中，然后添加进材质库方便后期使用。

图8-18

8.3.3　用户文件夹管理

　　"用户文件夹管理器"是RhinoGold实现用户文件夹统一管理的集合地，以及被管理文件和实施文件管理所需要的一些数据的总称。单击菜单栏中的"文件"/"用户文件夹管理器"命令，会弹出"用户文件夹管理器"对话框，如图8-19和图8-20所示。

图8-19

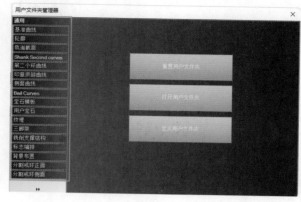

图8-20

　　打开"用户文件夹管理"对话框，可以对用户文件夹进行"重制""打开"或"定义"，对话框左侧为命令栏，可以对各指令进行管理操作。本章节着重对4种常用的命令进行讲解，这些命令对于珠宝首饰设计而言也是比较重要的。

　　"基准曲线"和"轮廓"是常用的建模命令，如图8-21和图8-22所示。使用"基准曲线"和"轮廓"命令可以快速建模，在视图中可以通过基准点对形态进行修改，使操作更为便捷。若想添加曲线或轮廓线到视图中，可以单击下方的　按钮，选择要增加的曲线，单击"确定"按钮完成命令。

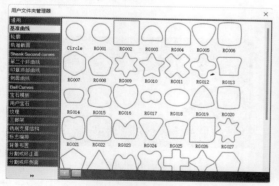

图8-21

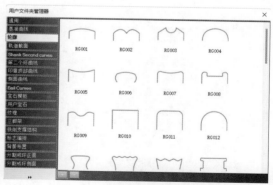

图8-22

　　"宝石模板"和"模式"是常用的建模命令，如图8-23和图8-24所示。使用"宝石模板"和"模式"命令可以极大地简化建模流程，丰富造型语言。若想添加新的"宝石模板"或"模式"到视图中，可以单击下方的　按钮，找到添加的新模板或模式后，单击"确定"按钮完成命令。

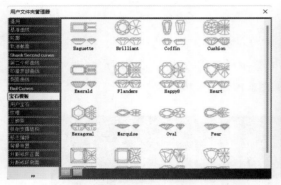

图8-23

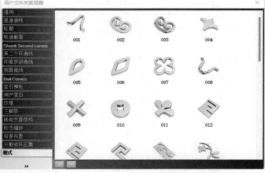

图8-24

8.4 RhinoGold常用命令介绍

8.4.1 放样

"放样"是通过两条或两条以上的曲线形成的一个曲面，可以通过参数的调整使放样的形态产生变化。

01 在工具栏中，单击"放样"  按钮，依次选取要放样的曲线，如图8-25所示。

02 选取要放样的曲线，右击在弹出的"放样选项"对话框中设置参数，如图8-26所示。单击"确定"按钮，完成命令，如图8-27所示。

图8-25

图8-26

图8-27

03 执行命令之前，在状态栏中单击"记录构建历史"命令，当移动模型曲线时曲面也会随之改变，可以运用这种方式对模型的曲面进行定向修改，以找寻模型形态最优线条，如图8-28所示。

> **技术要点**
>
> "放样选项"可以对放样的样式进行选择，其中包含了"松弛""紧绷""平直区段""均匀"，都可以使放样曲面的形态有不同的变化，还可以对"断面曲线选项"进行参数调整。

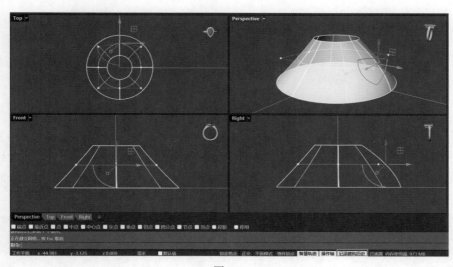

图8-28

8.4.2 单轨扫掠

"单轨扫掠"是通过断面图形在一条路径上扫掠运动而形成的曲面。路径曲线需要根据不同路径位置和不同截面数据，形成合理的曲面形态。

01 在工具栏中单击"单轨扫掠"按钮，依次选取路径和断面曲线，如图8-29所示。

02 右击弹出"单轨扫掠选项"对话框，设置参数，如图8-30所示。单击"确定"按钮，完成命令，如图8-31所示。

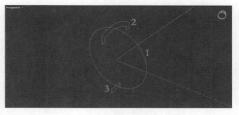

图8-29

图8-30   图8-31

> **技术要点**
>
> "单轨扫掠"选项可以对单轨扫掠的框型式进行选择，可以选择"自由扭转"或"走向"。其中，"走向"框型式可以设置轴向，还可以对"扫掠选项"和"曲线选项"进行选择或参数调整。

8.4.3　双轨扫掠

"双轨扫掠"是沿着两条路径，通过数条定义曲面形成的断面曲线从而建立的曲面。

01 在工具栏中，单击"双轨扫掠"按钮 ，依次选取路径曲线，然后选取断面曲线，如图8-32和图8-33所示。

图8-32

图8-33

02 选取路径及断面曲线后，移动曲线接缝点，右击弹出"双轨扫掠选项"对话框，如图8-34所示。单击"确定"按钮完成命令，如图8-35所示。依次单击此命令，可以生成切工钻石的上腰小面，如图8-36所示。

在"双轨扫掠选项"中，可以对"曲线选项"进行选择，在创建曲面时以指定的控制点数重建所有的断面曲线，也可以在创建曲面之前重新逼近断面公差等操作，还可以对"边缘连续性"进行"位置""相切""曲率"的选择。"加入控制断面"是通过加入额外的断面曲线，控制曲面断面结构线的方向。

图8-34

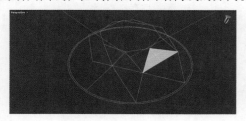
图8-35

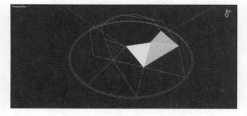
图8-36

8.4.4　轨迹旋转

01 在工具栏中，单击"轨迹旋转"按钮 ，根据状态栏的提示选取轮廓曲线，如图8-37所示。然后选取路径曲线，如图8-38所示。

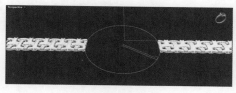

图8-37

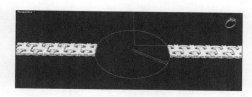

图8-38

02 选取路径旋转轴起点和旋转轴终点，沿着中心轴做旋转，如图8-39所示。右击结束操作命令，如图8-40所示。

图8-39

图8-40

技术要点

"轨迹旋转"命令区别于"旋转"命令，"旋转"是一条断面曲线围绕着旋转轴进行旋转建立的曲面，如果旋转的断面曲线为开放曲线，则曲线的起点和终点不与旋转轴相交，而会形成开放曲面。反之，曲线的起点和终点与旋转轴同时相交，则会形成封闭实体。"轨道旋转"则是断面轮廓曲线在一条路径轨迹曲线上旋转而形成的曲面，相比于"旋转"，"轨迹旋转"无须设置旋转角度即可对特定轨迹路径建立曲面，使操作更加便捷。

8.4.5 动态阵列

相较于"直线阵列"与"举行阵列"命令，"动态阵列"更加灵活并适用于构建形态各异的珠宝首饰。

01 在工具栏中，单击"变动"标签下的"动态阵列"按钮，视图右侧会弹出RhinoGold对话框，如图8-41所示。单击对话框"选择对象"按钮，选取钻石模型，单击按钮结束操作命令，如图8-42所示。

图8-41

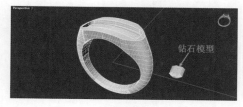

图8-42

02 在工具栏中，单击"选择一条曲线"按钮，选取目标路径曲线，单击按钮结束操作命令，如图8-43和图8-44所示。钻石将沿着路径曲线进行阵列，如图8-45所示。

图8-43

图8-44

03 通过路径曲线阵列后的钻石可以进行旋转和调整方向，旋转时按Shift键开启正交功能。也可以在RhinoGold对话框中对钻石数量、距离或移动的参数进行设置，还可以对钻石阵列的排布和位置进行设置，单击 按钮结束操作命令，如图8-46和图8-47所示。

图8-45

图8-46

图8-47

8.4.6 编 辑

"编辑"命令，是通过控制点对模型进行变形与调整。

01 在工具栏中，单击"变动"标签下的"编辑"按钮 ，选取视窗中的戒指模型，右击完成命令，如图8-48所示。

02 在状态栏中，设置"选取控制物件"为"边框方块"，"坐标系统"保持默认，"变形控制器参数"选择相应的参数，如图8-49所

图8-48

示。设定"要编辑范围"为"整体"，右击完成命令。

图8-49

03 长按Shift键，可以选取多个控制点对戒指的形态进行编辑，如图8-50所示。编辑完成后，按Esc键取消编辑命令，效果如图8-51所示。

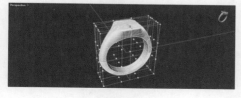

图8-50

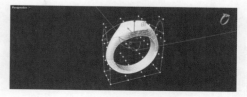

图8-51

第 **9** 章

RhinoGold珠宝首饰建模
案例实践

主要内容： 本章通过案例对RhinoGold插件的基础命令进行讲解，也为后续的实践性项目奠定基础。

教学目标： 通过对本章的学习，使读者掌握RhinoGold插件中基础命令的使用方法。

学习要点： 熟悉RhinoGold插件的基础命令，掌握RhinoGold插件的建模方法。

Product Design

9.1 花形戒指案例

本案例主要应用到"宝石""包镶""刀具""智能曲线""挤出""圆管""动态弯曲""动态圆形阵列"命令。

01 创建一个文件，在工具栏中执行"珠宝"/"戒指"/ Wizard命令，定义一枚18号戒圈的戒指，上方截面尺寸设置为2mm×6mm，下方截面尺寸设置为3mm×3mm，如图9-1所示。

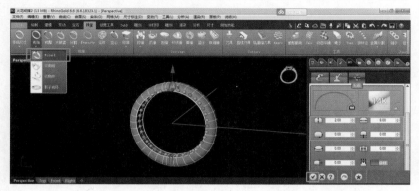

图9-1

02 在工具栏中，单击"宝石"标签下的"宝石工具"按钮，视图右侧会弹出RhinoGold对话框，设置参数，单击按钮结束操作命令，如图9-2所示。

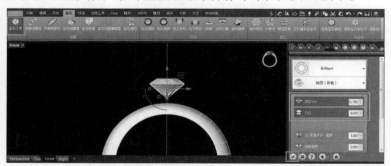

图9-2

03 在工具栏中，单击"珠宝"标签下的"爪镶"按钮，视图右侧会弹出RhinoGold对话框，设置参数，单击按钮结束操作命令，如图9-3所示。

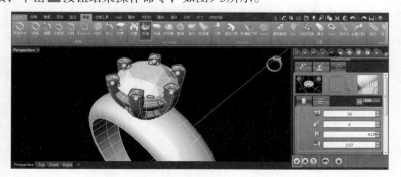

图9-3

04 在工具栏中，单击"绘制"标签下的"智能曲线"按钮 ，在Top视图中绘制一条花瓣形曲线，如图9-4所示。

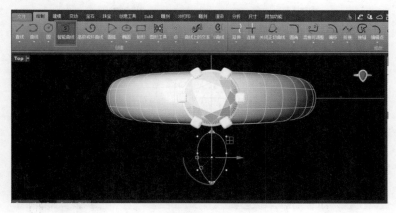

图9-4

05 在工具栏中，单击"绘制"标签下的"偏移"按钮 ，将绘制的花瓣形曲线向外偏移0.5mm，如图9-5所示。

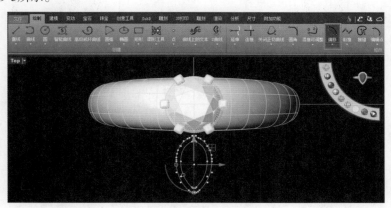

图9-5

06 在工具栏中，单击"建模"标签下的"挤出"按钮 ，将内侧花瓣形曲线挤出1mm的实体，如图9-6所示。

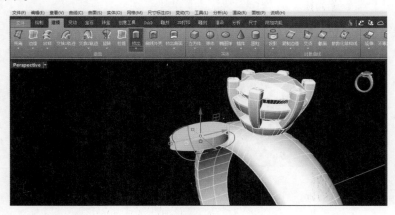

图9-6

183

07 在工具栏中，执行"建模"/"圆柱"/"圆管"命令，选取外侧花瓣形曲线绘制直径为1mm的圆管，如图9-7所示。

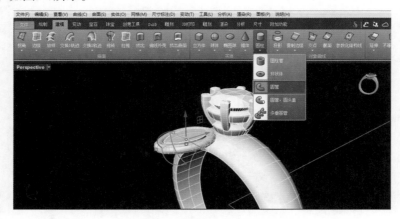

图9-7

08 在工具栏中，单击"变动"标签下的"移动"按钮▓，将挤出的花瓣形实体与圆管移动到爪镶台座的下方卡槽中，如图9-8所示。

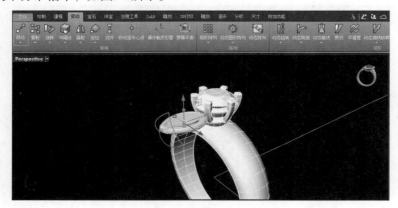

图9-8

09 在工具栏中，单击"变动"标签下的"动态弯曲"按钮▓，使用动态弯曲工具将挤出的实体与圆管进行相应弯曲后，单击▓按钮结束操作命令，如图9-9所示。

图9-9

10 在工具栏中，单击"宝石"标签下的"宝石工具"按钮 ，视图右侧会弹出RhinoGold对话框 ，如图9-10所示。单击对话框下方的 按钮，单击对话框中"选择对象上的点"按钮 ，在挤出的实体中有序地将钻石进行排布，单击 按钮结束操作命令。

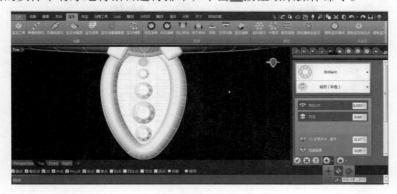

图9-10

11 在工具栏中，执行"珠宝"/"钉镶"/"于线上"命令，沿着宝石周围设置钉镶，视图右侧会弹出RhinoGold对话框 ，对钉镶进行尺寸位置调整，单击 按钮结束操作命令，如图9-11所示。

图9-11

12 在工具栏中，单击"珠宝"标签下的"刀具"按钮，视图右侧会弹出RhinoGold对话框 ，选定相应刀具类型，沿着宝石下方设置相应的开孔器，单击 按钮结束操作命令，如图9-12所示。

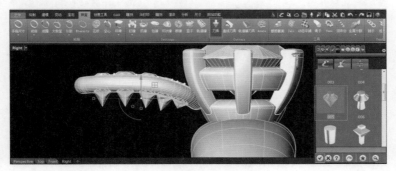

图9-12

13 在工具栏中，单击"绘制"标签下的"布尔运算：差集"按钮 ，将开孔器与拉伸曲面相切，移除开孔器以建立钻石孔洞，如图9-13所示。

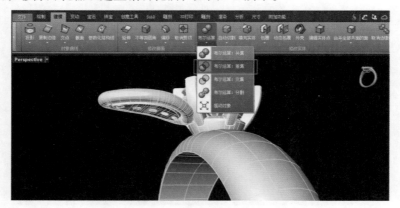

图9-13

14 在工具栏中，单击"变动"标签下的"动态圆形阵列"按钮 ，将花瓣形实体圆形阵列，视图右侧会弹出RhinoGold对话框 ，将阵列数量调整为6，角度为360，单击 按钮结束操作命令，如图9-14所示。

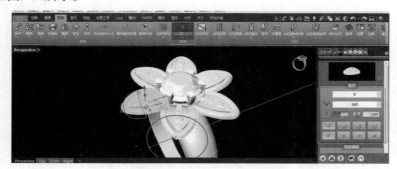

图9-14

15 在工具栏中，单击"变动"标签下的"移动"按钮 ，复制一组花瓣形实体，将其位置调整到爪镶台座卡槽的下方，形成交叉放置，如图9-15所示。

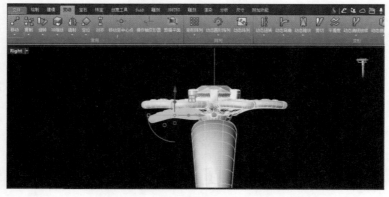

图9-15

16 在工具栏中，单击"变动"标签下的"动态圆形阵列"按钮，将复制后的花瓣形实体圆形阵列，视图右侧会弹出RhinoGold对话框，将阵列数量调整为6，角度为360，调整位置，单击✓按钮结束操作命令，如图9-16所示。

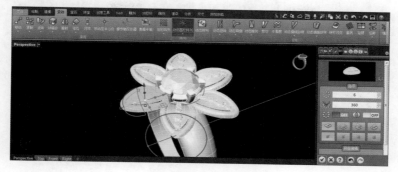

图9-16

17 在工具栏中，单击"绘制"标签下的"布尔运算：差集"按钮，将所有实体进行交集，形成一个相互贯穿的整体，最终效果如图9-17所示。

图9-17

9.2 扇形坠饰案例

本案例主要应用"智能曲线""挤出""偏移""双曲线排石""螺旋线"等命令。

01 在工具栏中，单击"宝石"标签下的"宝石工具"按钮，视图右侧会弹出RhinoGold对话框，设置宽度为8.5mm的梨形蓝色钻石，单击✓按钮结束操作命令，如图9-18所示。

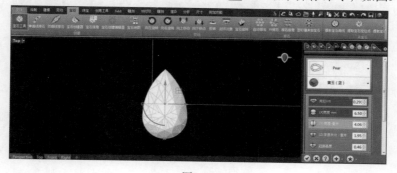

图9-18

02 在工具栏中，单击"珠宝"标签下的"包镶"按钮，建立一个梨形包镶台座，视图右侧会弹出RhinoGold对话框，设置参数，单击✓按钮结束操作命令，如图9-19所示。

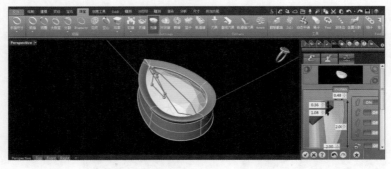

图9-19

03 在工具栏中，单击"绘制"标签下的"智能曲线"按钮，绘制一条扇形曲线，如图9-20所示。

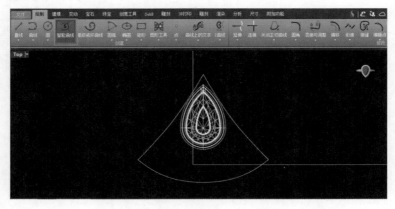

图9-20

04 在工具栏中，单击"绘制"标签下的"偏移"按钮，将上一步绘制的曲线向外偏移0.5mm，如图9-21所示。

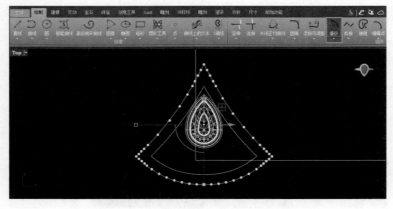

图9-21

05 在工具栏中，单击"绘制"标签下的"分割"按钮█，绘制一条吊坠与扇形曲线相交的矩形，将交叉的线段分割并删除，然后将分割后剩余的曲线进行组合，如图9-22所示。

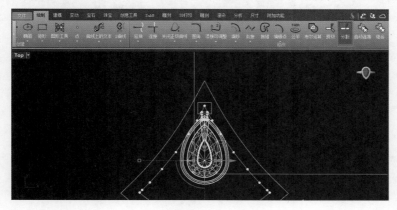

图9-22

06 在工具栏中，单击"绘制"标签下的"偏移"按钮█，将两条扇形曲线向内偏移0.1mm，建立四条曲线，如图9-23所示。

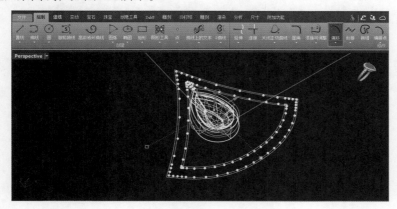

图9-23

07 在工具栏中，单击"建模"标签下的"挤出"按钮█，将扇形曲线挤出2mm的实体，如图9-24所示。

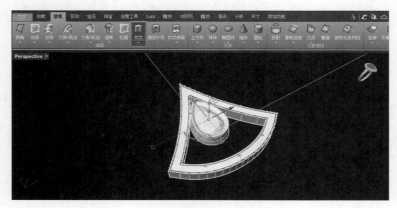

图9-24

08 单击"挤出"按钮■，将向内偏移的扇形曲线向两侧各挤出1mm的实体，如图9-25所示。

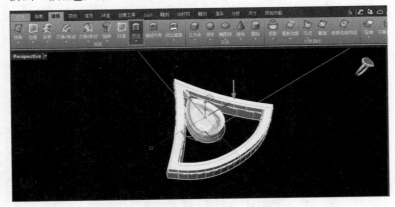

图9-25

09 在工具栏中，执行"建模"/"布尔运算"/"布尔运算：差集"命令，将两个挤出的实体进行差集运算，从而建立扇形坠饰的凹槽，如图9-26所示。

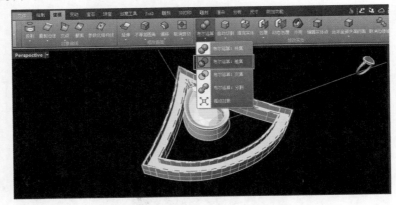

图9-26

10 在工具栏中，单击"建模"标签下的"不等距圆角"按钮■，在扇形实体边缘建立半径为0.2mm的圆角，如图9-27所示。

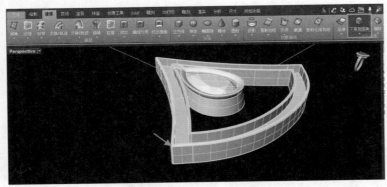

图9-27

11 在工具栏中，执行"建模"/"布尔运算"/"布尔运算：并集"命令，将所有实体合并在一起，如图9-28所示。

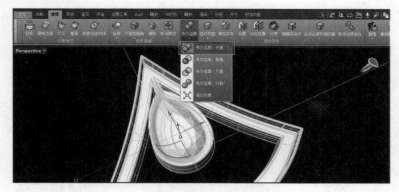

图9-28

12 在工具栏中，单击"宝石"标签下的"双曲线排石"按钮 ，在扇形坠饰的凹槽中从小到大有序地放置宝石，单击 按钮结束操作命令，如图9-29所示。

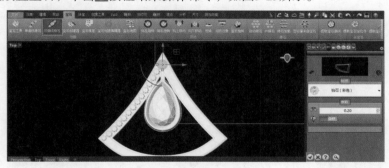

图9-29

13 在工具栏中，单击"绘制"标签下的"智能曲线"按钮 ，绘制一条曲线，如图9-30所示。

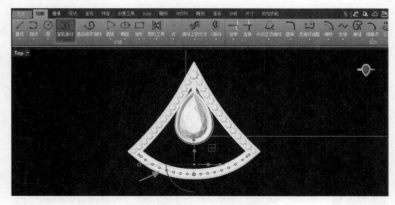

图9-30

14 在工具栏中，执行"绘制"/"曲线"/"螺旋线"命令，沿着上一步绘制的曲线建立螺旋线，注意要在下方指示栏中开启"环绕曲线"功能，如图9-31所示。

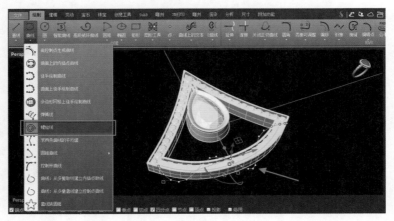

图9-31

15 在工具栏中，执行"建模"/"圆柱"/"圆管、圆头盖"命令，沿着螺旋线建立0.8mm的圆管，如图9-32所示。

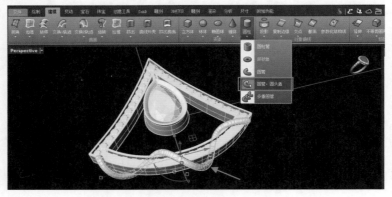

图9-32

16 在工具栏中，单击"宝石"标签下的"宝石工具"按钮，视图右侧会弹出RhinoGold对话框，建立一个2mm的马眼形宝石放置于圆管旁边，单击按钮结束操作命令，如图9-33所示。

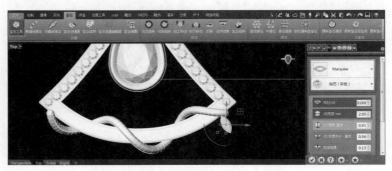

图9-33

17 在工具栏中，单击"珠宝"标签下的"包镶"按钮 ，建立马眼形宝石的包镶台座，视图右侧会弹出RhinoGold对话框 ，设置参数，单击 按钮结束操作命令，如图9-34所示。

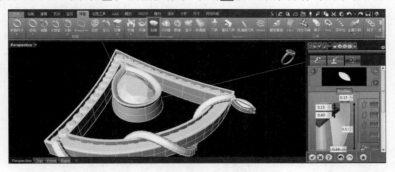

图9-34

18 在工具栏中，单击"绘制"标签下的"智能曲线"按钮 ，建立一个连接包镶台座与圆管的曲线，如图9-35所示。

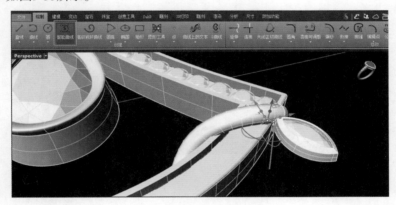

图9-35

19 在工具栏中，执行"建模"/"圆柱"/"圆管"命令，沿着上一步所绘制的曲线建立圆管，如图9-36所示。

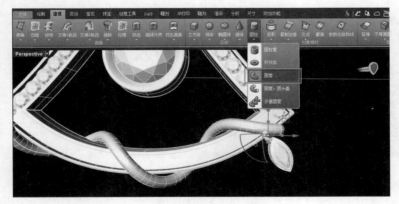

图9-36

20 在工具栏中，单击"变动"标签下的"动态阵列"按钮▉，将马眼宝石与包镶台座沿着螺旋曲线阵列，视图右侧会弹出RhinoGold对话框▉，复制10个副本，单击✅按钮结束操作命令，如图9-37所示。

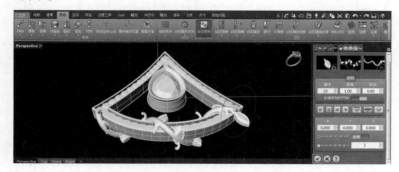

图9-37

21 利用"操作轴"，将阵列的马眼宝石的位置进行调整，如图9-38所示。

图9-38

22 在工具栏中，执行"珠宝"/"钉镶"/"于线上"命令，沿着扇形坠饰凹槽处的宝石周围设置钉镶，视图右侧会弹出RhinoGold对话框▉，对钉镶进行尺寸和位置的调整后，单击✅按钮结束操作命令，如图9-39所示。

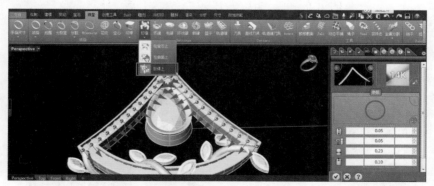

图9-39

23 单击工具栏中"绘制"标签下的"圆弧"按钮▉，绘制一条弧线，如图9-40所示。

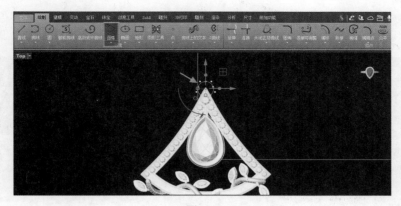

图9-40

24 在工具栏中，执行"建模"/"圆柱"/"圆管"命令，沿着圆弧曲线建立圆管，如图9-41所示。

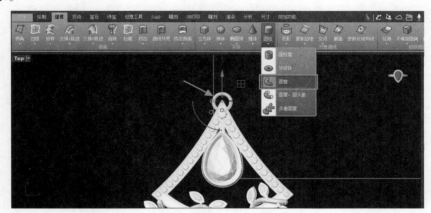

图9-41

25 在工具栏中，单击"珠宝"标签下的"挂钩"按钮，创建坠饰的坠头，视图右侧会弹出RhinoGold对话框，设置参数，单击按钮结束操作命令，如图9-42所示。

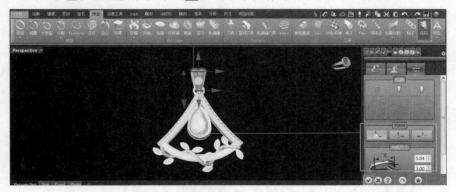

图9-42

26 在工具栏中，单击"珠宝"标签下的"刀具"按钮，视图右侧会弹出RhinoGold对话框，选定刀具类型，沿着宝石下方设置相应的开孔器，单击按钮结束操作命令，如

图9-43所示。然后，运用"布尔运算：差集"功能将开孔器自扇形宝石中移除，以建立宝石石位孔洞。

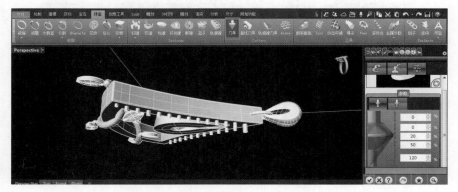

图9-43

27 在工具栏中，执行"建模"/"布尔运算"/"布尔运算：交集"命令，将所有的宝石交集为一，最终效果如图9-44所示。

图9-44

9.3 珐琅花戒指案例

在珐琅花戒指案例中，我们将使用RhinoGold中的一些工具指令，如"戒圈生成器""智能曲线""偏移""宝石工具""刀具"等命令。

01 创建一个文件，在工具栏中执行"珠宝"/"戒指"/Wizard命令，定义一枚18号戒圈的戒指，上方截面尺寸设置为3mm*14mm，下方截面尺寸设置为2mm*2mm，单击✔按钮结束操作命令，如图9-45所示。

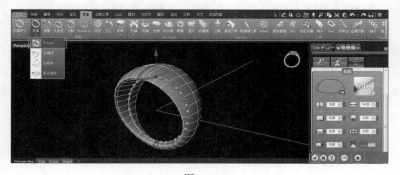

图9-45

02 在工具栏中，单击"绘制"标签下的"椭圆"按钮，在戒圈中央绘制一条椭圆曲线，如图9-46所示。

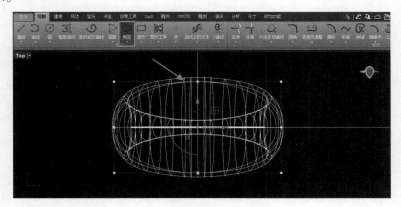

图9-46

03 在工具栏中，单击"建模"标签下的"投影"按钮，将上一步绘制的椭圆投影到戒圈中央，如图9-47所示。

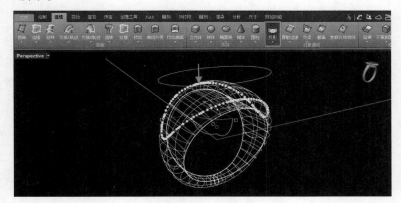

图9-47

04 在工具栏中，单击"绘制"标签下的"分割"按钮，以椭圆曲线将戒圈分割，如图9-48所示。

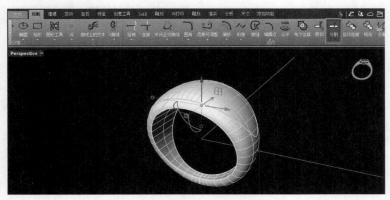

图9-48

05 在工具栏中，单击"建模"标签下的"偏移"按钮▣，将上一步分割的曲面偏移0.3mm的实体，如图9-49所示。复制一个偏移前的曲面并隐藏，在之后的步骤中会用到这个曲面。

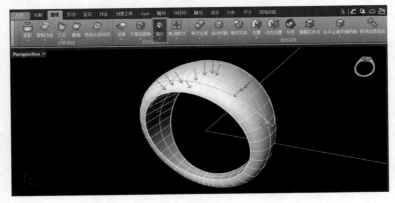

图9-49

06 在工具栏中，执行"建模"/"布尔运算"/"布尔运算：差集"命令，将偏移的实体与戒圈进行差集运算，从而建立戒面凹槽，如图9-50所示。

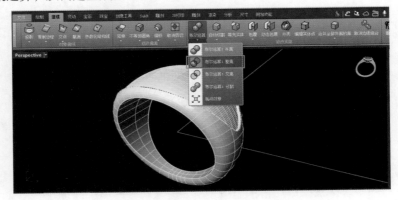

图9-50

07 在工具栏中，执行"建模"/"复制边缘"/"在平面创建边缘"命令，选取隐藏的曲面，建立UV曲线，如图9-51所示。

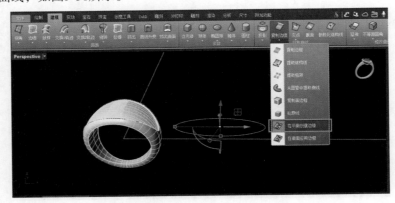

图9-51

08 在工具栏中，单击"绘制"标签下的"智能曲线"按钮，描绘出花形曲线，如图9-52所示。

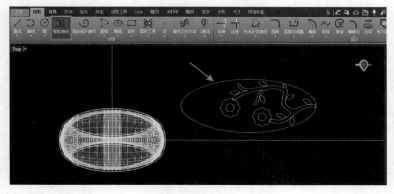

图9-52

09 在工具栏中，执行"建模"/"复制边缘"/"在平面应用边框"命令，将上一步所绘制的曲线自UV平面流动到戒指曲面上，如图9-53所示。

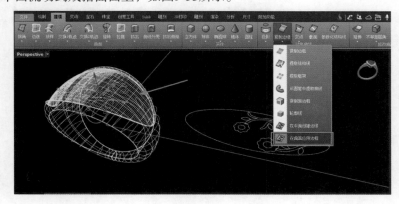

图9-53

10 在工具栏中，执行"建模"/"包覆"/"提取曲面"命令，将戒指的顶部曲面自戒圈中抽离。并将抽离曲面上的投影曲线进行分割，如图9-54所示。

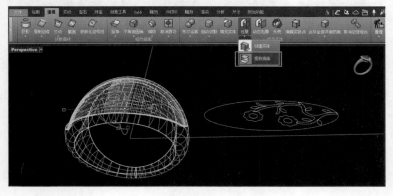

图9-54

11 在工具栏中，单击"建模"标签下的"偏移"按钮，将上一步所分割的曲面向外偏移0.3mm的实体，如图9-55所示。

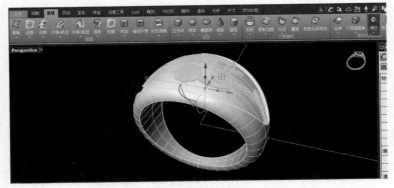

图9-55

12 在工具栏中，单击"宝石"标签下的"宝石工具"按钮，运用宝石工具中的"选择对象上的点"按钮，在偏移的实体上放置宝石，如图9-56所示。

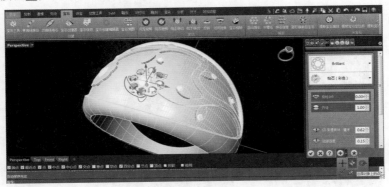

图9-56

13 在工具栏中，单击"珠宝"/"刀具"按钮，视图右侧会弹出RhinoGold对话框，选定刀具类型，沿着宝石下方设置相应的开孔器，单击按钮结束操作命令，如图9-57所示。

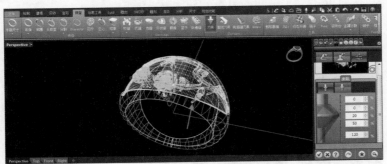

图9-57

14 在工具栏中，执行"建模"/"布尔运算"/"布尔运算：差集"命令，将开孔器自戒圈中移除，以建立宝石石位孔洞，如图9-58所示。

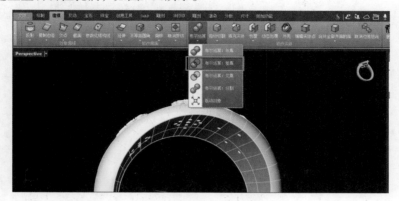

图9-58

15 在工具栏中，执行"珠宝"/"钉镶"/"于线上"命令，沿着宝石周围设置钉镶，视图右侧会弹出RhinoGold对话框，设置参数，单击☑按钮结束操作命令，如图9-59所示。

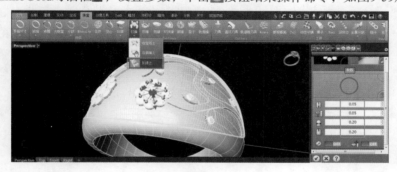

图9-59

16 在工具栏中，单击"建模"/"不等距圆角"按钮，在戒圈凹面实体边缘建立半径为0.1mm的圆角，如图9-60所示。

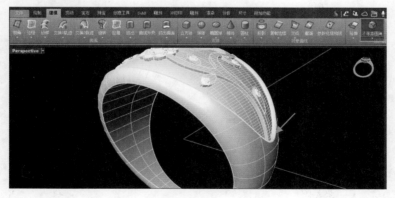

图9-60

17 在工具栏中，执行"绘制"/"布尔运算"/"布尔运算：交集"命令，将戒指所有的宝石部分交集在一起，最终效果如图9-61所示。

图9-61

第 **10** 章

Rhino 7综合案例实践

主要内容：本章通过案例实践的方式，将前面所学的知识点进行系统性训练，涵盖了Rhino 7建模的基础命令、高阶命令及参数化建模等相关内容。

教学目标：通过对本章的学习，使读者形成应对不同造型产品的建模思路，以及对Rhino 7建模命令、参数化辅助建模的灵活运用。

学习要点：熟悉根据草图(参考图)构建立体模型的建模思路，熟练掌握不同类型产品的绘制方法。

Product Design

10.1 电钻建模

本案例为制作电钻模型，如图10-1所示。

在绘制案例之前，先对电钻的基本形态进行分析，需要分析总体形态，对模型进行分区域建模，确保模型左右对称。需要注意对"布尔运算"命令的运用，在制作纹理时需要运用Grasshopper的插件LunchBox。

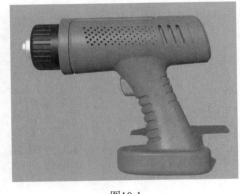

图10-1

10.1.1 绘制电钻主体

01 启动Rhino 7软件，将参考图分别导入Top、Front、Right三个视图中，运用所学的导入背景图片辅助建模方法，将电钻各参考图对齐。在Top视图电钻前部绘制一个圆，然后绘制一条穿过圆中心点的直线，作为中轴线，如图10-2所示。

图10-2

02 切换到Top视图，沿图向X方向复制3个圆(绘制钻头部分的大面)，并使用直线挤出工具将三个圆挤出成实体曲面，如图10-3所示。在电钻主体的尾部绘制1个圆，如图10-4所示。

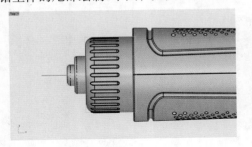

图10-3

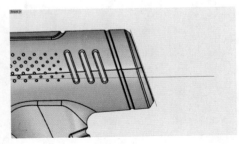

图10-4

03 打开"记录建构历史"命令，在菜单栏中执行"曲面"/"放样"命令，将如图10-5所示的两个圆进行放样，形成带有锥度的曲面。使用将平面洞加盖工具，将所有曲面加盖成为实体。

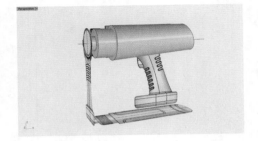

图10-5

10.1.2 绘制电钻手柄

01 在Top视图中绘制一个矩形，中线点捕捉到中轴线上确保对称，如图10-6所示。在矩形框内绘制四条曲线，执行工具列中的"修剪"命令，使用曲线将矩形框修剪，将已修剪的曲线组合起来，如图10-7所示。将组合的封闭曲线根据参考图复制两条曲线，如图10-8所示。

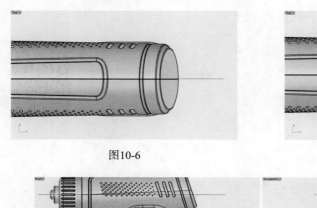
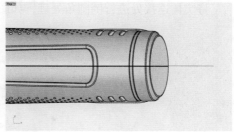

图10-6　　　　　　　　　　　　　　　　图10-7

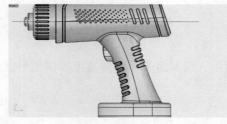

图10-8

02 沿参考图绘制两条曲线，在菜单栏中执行"曲面"/"双轨扫掠"命令，选取绘制的两条曲线作为路径，再选取两条封闭曲线作为断面曲线，右击确定，完成手柄部分的曲面建立，然后将曲面加盖成为实体，如图10-9所示。

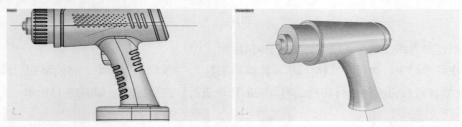

图10-9

10.1.3　绘制电钻底座

01 绘制一条曲线，使用直线挤出工具将该曲线挤出成实体曲面，如图10-10所示。

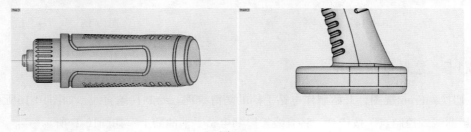

图10-10

02 单击"布尔运算联集"按钮 ，将电钻的主体、手柄、底座三个实体组成一个封闭的多重曲面，如图10-11所示。

03 将实体连接处进行倒圆角处理，如图10-12所示。

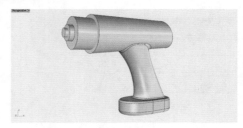

图10-11   图10-12

10.1.4　绘制电钻开关按钮

01 在Right视图中，绘制一个圆角矩形，利用直线挤出工具将圆角矩形挤出形成曲面实体，如图10-13所示。

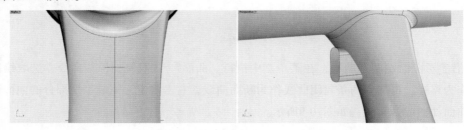

图10-13

02 根据参考图绘制一条曲线，如图10-14所示。

03 在菜单栏中，执行"实体"/"实体编辑工具"/"线切割"命令，将绘制的曲线作为切割用的曲线，对按钮实体进行切割，将开关的边缘进行倒圆角处理，如图10-15所示。

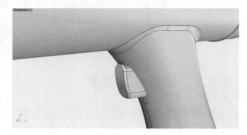

图10-14   图10-15

10.1.5　绘制电钻细节

01 切换到Front视图，开始制作电钻手柄的防滑纹理。绘制10条直线，如图10-16所示。单击"投影曲线或控制点"按钮，将直线投影到电钻手柄曲面上，如图10-17所示。

02 单击"圆管(圆头盖)"按钮，选择全部投影后的曲线，建立圆管、圆头盖，再使用"布尔运算差集"命令，减去无相交的曲面，右击确认，如图10-18所示。执行工具列中的"边缘圆角"命令，将减去圆管的边缘进行圆角处理，如图10-19所示。

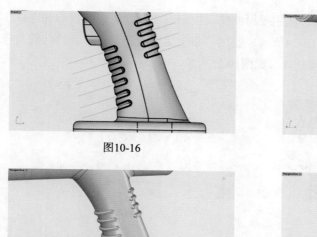

图10-16

图10-17

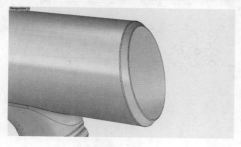

图10-18

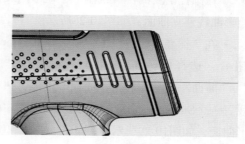

图10-19

技术要点

若对边缘倒圆角时出现破面或倒角不成功的问题时，需要对所用的切割圆管的法线进行移动调整，使之远离两个实体全面相交范围。

03 使用边缘斜角工具，将电钻尾部进行倒斜角处理，如图10-20所示。抽离一条电钻主体曲面的结构线，如图10-21所示。将曲线建立圆管，再使用"布尔运算差集"命令，减去两条曲面相交部分，效果如图10-22所示。将减去圆管的边缘进行倒圆角处理，如图10-23所示。

图10-20

图10-21

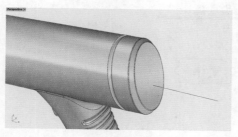

图10-22

图10-23

04 根据参考图绘制一条多重曲线，使用投影曲线或控制点命令，将曲线投影到电钻主体上，然后将曲线建立圆管实体，如图10-24所示。使用"布尔运算差集"命令，将圆管与电钻主体相交的曲面删除，最后进行倒圆角处理，如图10-25所示。

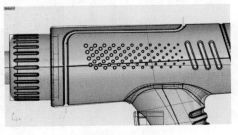
图10-24

图10-25

05 根据参考图绘制三个圆角矩形，并建立实体曲面，如图10-26所示。使用"布尔运算差集"命令，将圆角矩形与电钻主体相交的部分曲面删除，并减去圆角矩形的边缘进行倒圆角，如图10-27所示。

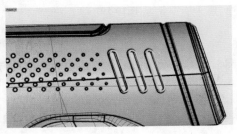
图10-26

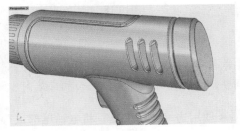
图10-27

06 在圆孔渐变的位置绘制一个矩形曲线，将矩形曲线建立曲面，如图10-28所示。

07 在"标准"标签栏下，单击Grasshopper按钮 ，选择电池工具栏中"参数"/"几何"/"曲面"电池，右击"曲面"电池，执行"设置一个Surface"命令，拾取Front视图中的矩形曲线，如图10-29所示。

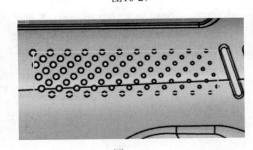
图10-28

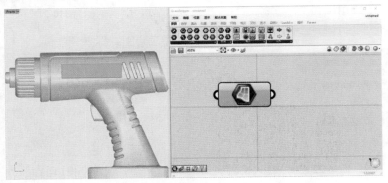
图10-29

08 在电池工具栏，选择LunchBox/Structure/Diagrid Structure电池，将"曲面"电池的输出端连接Diagrid Structure电池的Surface输入端。双击工作区，设置"数字滑块"电池的数值分别为20、7，分别连接Diagrid Structure电池的U Divisions输入端、V Divisions输入端，如图10-30所示。

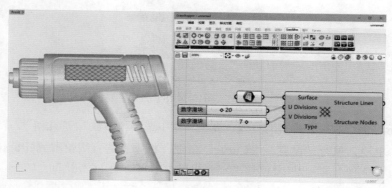

图10-30

09 在电池工具栏，选择"向量"/"平面"/"XZ 平面"电池，将Diagrid Structure电池的Structure Nodes输出端连接"XZ 平面"电池的"原点"输入端，如图10-31所示。

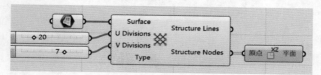

图10-31

10 在电池工具栏中，选择"曲线"/"初始"/"半径生圆"电池，将"XZ 平面"电池的"平面"输出端连接"半径生圆"电池的"平面"输入端，如图10-32所示。

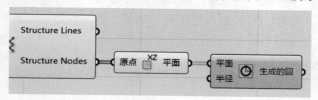

图10-32

11 在电池工具栏中，选择"数学"/"区间"/"区间映射"电池，将"区间映射"电池的"映射后的值"输出端连接"半径生圆"电池的"半径"输入端，如图10-33所示。

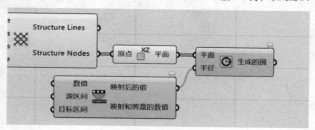

图10-33

12 在电池工具栏中，选择"向量"/"点"/"点拉回"电池，将Diagrid Structure电池的Structure Nodes输出端连接"点拉回"电池的"要拉回的点"输入端，如图10-34所示。

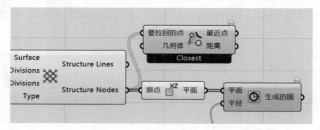

图10-34

13 在矩形左侧绘制一条垂直的直线，在工具栏中选择"参数"/"几何"/"曲线"电池，右击"曲线"电池，执行"设置一个Curve"命令，将垂直的直线拾取到Grasshopper中，如图10-35所示。

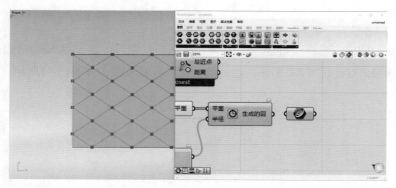

图10-35

14 将"曲线"电池的输出端连接"点拉回"电池的"几何体"输入端。在电池工具栏中，选择"数学"/"区间"/"构造一维区间"电池，将"构造一维区间"电池的"一维区间"输出端连接"区间映射"电池的"目标区间"输入端。双击工作区，设置"数字滑块"电池的数值分别为18和7，分别连接"构造一维区间"电池的"区间开始"和"区间结束"输入端，如图10-36所示。

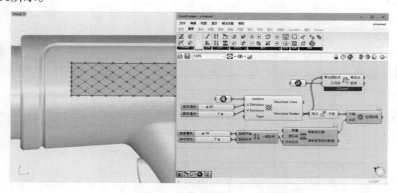

图10-36

15　在电池工具栏中，选择"数学"/"区间"/"一维边界"电池，将"点拉回"电池的"距离"输出端连接"一维边界"电池的"数字"输入端，将"一维边界"电池的"区间"输出端连接"区间映射"电池的"源区间"输入端，将"点拉回"电池的"距离"输出端连接"区间映射"电池的"数字"输入端，如图10-37所示。

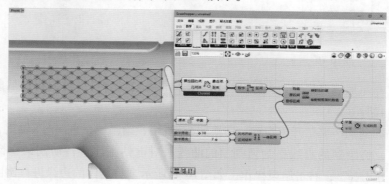

图10-37

16　在菜单栏中，执行"实体"/"实体编辑工具"/"打开点"命令，打开矩形的控制点，根据参考图调整控制点，右击"半径生圆"电池，执行烘焙命令，将纹理烘焙到Rhino 7图层中，如图10-38所示。

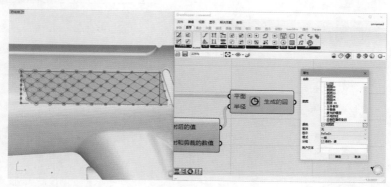

图10-38

17　将圆形曲线挤出成实体曲面，使用"布尔运算差集"命令，减去两个实体曲面相交部分，并对修剪后的边缘进行倒圆角处理，如图10-39所示。

18　将钻头部分的三个实体曲面边缘进行圆角。在电钻前部沿图绘制一条直线，将直线投影到实体上，如图10-40所示。将投影的直线建

图10-39

成实体圆管，在菜单栏中执行"变动"/"阵列"/"环形"命令，将圆管进行阵列，在命令行设置"阵列数"为28，如图10-41所示。

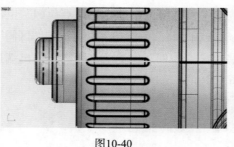

图10-40

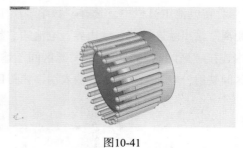

图10-41

19 使用"布尔运算差集"命令，减去两个实体曲面相交部分，并对修剪后的边缘进行倒圆角，如图10-42所示。

20 将电钻的前端与电钻开关隐藏，切换到Top视图，绘制一条直线与X轴重合，单击"线切割"按钮 ，将绘制的直线作为切割用的曲线，对电钻主体进行切割，在命令行中设置"全部保留"为"否"，右击结束操作，如图10-43所示。将实体的边缘进行倒圆角处理，如图10-44所示。再使用镜像工具将电钻进行镜像，完成最终的效果，如图10-45所示。

图10-42

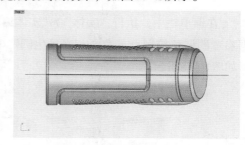

图10-43

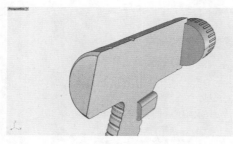

图10-44

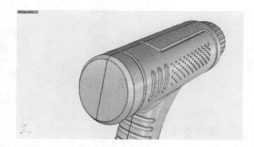

图10-45

21 为完成的电钻模型添加材质，完成电钻的制作，如图10-46所示。

图10-46

10.2　无线鼠标建模

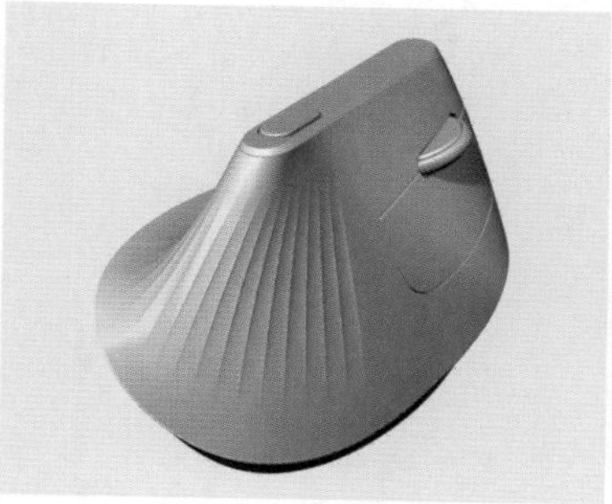

本案例为制作鼠标模型，如图10-47所示。

在绘制案例之前，我们要对鼠标进行总体形态分析，便于后期对模型进行分区域建模，使模型达到整体性和协调性。

10.2.1　绘制无线鼠标主体

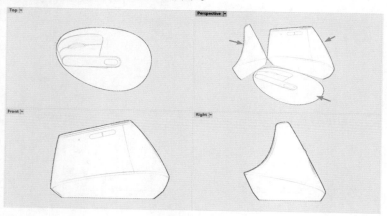

图10-47

01 启动Rhino 7软件，将参考图分别加入三视图中，单击"三轴缩放"按钮，将Front视图的参考图对齐Top视图的参考图，如图10-48所示。

图10-48

02 绘制两条如图10-49所示的直线，切换到Front视图，将两条直线向上移动至参考图倾斜面位置，如图10-50所示。

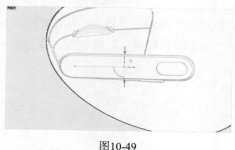

图10-49

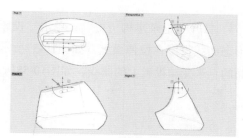

图10-50

03 单击"可调式混接曲线"按钮 ，将两条直线的两边依次进行混接，右击在弹出的"调整曲线混接"对话框中设置参数，如图10-51所示。设置后的视图效果，如图10-52所示。另一端进行同样的操作，然后将曲线进行组合，单击"以平面曲线建立曲面"按钮 ，选择曲线，将曲线转为曲面，如图10-53所示。

04 根据参考图绘制一条鼠标转折形态的曲线，如图10-54所示；再绘制一条直线，如图10-55所示；将直线拉伸成面，如图10-56所示。

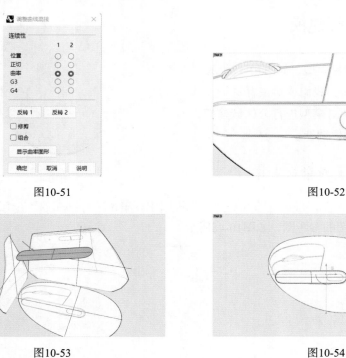

图10-51　　　　　　　　　　　　　　　　图10-52

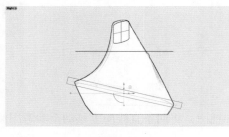

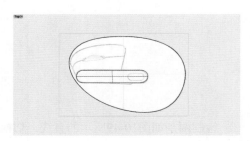

图10-53　　　　　　　　　　　　　　　　图10-54

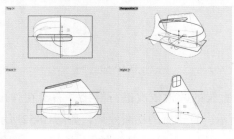

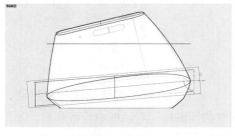

图10-55　　　　　　　　　　　　　　　　图10-56

05 打开"记录建构历史"，单击"投影曲线或控制点"按钮🍴，将上一步绘制的鼠标转折形态曲线投影在拉伸面上，如图10-57所示。单击"显示物件控制点"按钮📌，通过控制拉伸面的点来变动投影上的曲线，如图10-58所示。

图10-57　　　　　　　　　　　　　　　　图10-58

06 依次绘制三条曲线作为鼠标曲面形态路径，如图10-59所示。单击"更改阶数"按钮 ，将阶数设置为3，根据参考图对曲线进行相对调整，如图10-60所示。

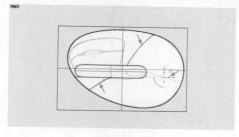

图10-59

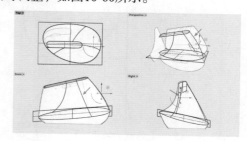

图10-60

07 单击"结构线分割"按钮 ，将鼠标顶部曲面的曲线分割成两部分，如图10-61所示。再绘制一条曲线，使鼠标曲面形态路径更为精确，单击"更改阶数"按钮 ，设置阶数为3，根据参考图对曲线进行相对调整，如图10-62所示。

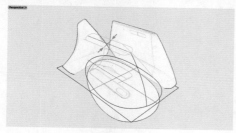

图10-61

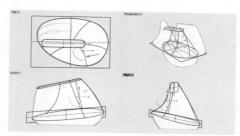

图10-62

08 单击"从网线建立曲面"按钮 ，依次选择路径曲线，形成鼠标的前半段曲面，右击在弹出的"以曲线建立曲面"对话框中设置参数，如图10-63所示。单击"确定"按钮，完成命令，效果如图10-64所示。

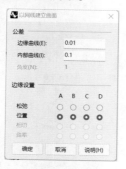

图10-63

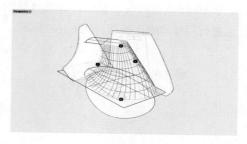

图10-64

09 绘制一条曲线作为鼠标曲面形态路径，单击"更改阶数"按钮 ，设置阶数为3，根据参考图对曲线进行调整，如图10-65所示。单击"从网线建立曲面"按钮 ，在弹出的"以网线建立曲面"对话框中设置参数，如图10-66所示。依次选取路径曲线，形成如图10-67所示的曲面。

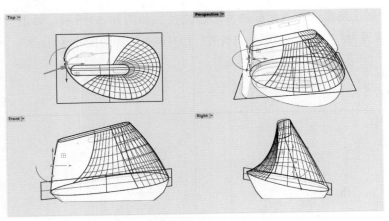

图10-65

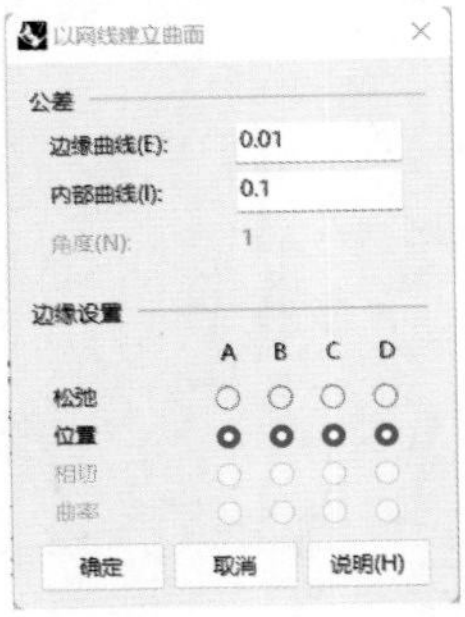

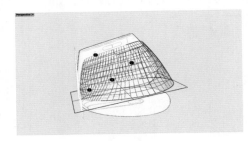

图10-66

图10-67

10 鼠标曲面的连接处存在折痕,所以要尽量减少折痕。选择鼠标正面连接处的折痕曲线,如图10-68所示。单击"边缘连续性"按钮 ,右击在弹出的"边缘连续性"对话框中设置参数,如图10-69所示。对于鼠标背面连接处的折痕,也进行同样的操作处理,如图10-70所示。

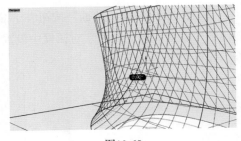

图10-68

图10-69

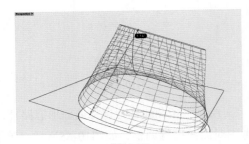

图10-70

11 单击"移除节点"按钮 ,将曲面上的结构线进行选择性删除,提高曲面的顺滑度。单击"衔接曲面"按钮 ,选择鼠标正面的两个连接处,如图10-71所示。右击在弹出的"衔接曲面"对话框中设置参数,如图10-72所示。对于鼠标背面的连接处,也进行同样的操作处理,如图10-73所示。

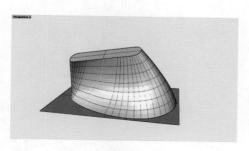

图10-71

图10-72

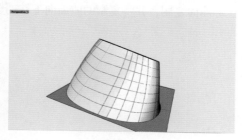

图10-73

12 对绘制的鼠标转折形态曲线进行复制,将复制的线移动至如图10-74所示的位置,并根据参考图调整曲线的大小。单击"投影曲线或控制点"按钮 ,将绘制出的鼠标转折形态曲线再次投影在拉伸面上,如图10-75所示。

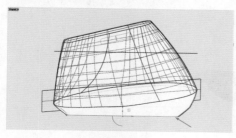

图10-74

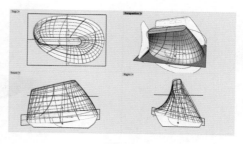

图10-75

13 单击"放样"按钮 ,将鼠标下半部分的曲面建立出来。单击"结构线分割"按钮 ,根据参考图对下半部分的曲面进行结构线分割,如图10-76所示。再将新建的曲面后半部分进行结构线抽离,根据参考图绘制出鼠标下半部分结构面的消失轨迹,如图10-77所示。

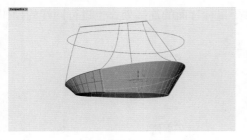

图10-76

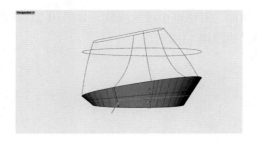

图10-77

14 单击"显示物件控制点"按钮 ，选择上一步结构线的控制点，调整为如图10-78所示的效果。

15 单击"双轨扫掠"按钮 ，选取抽离的结构线，依次与两边曲线进行双轨扫掠，右击在弹出的"双轨扫掠选项"对话框中设置参数，如图10-79所示。完成鼠标下半部分的曲面建立，

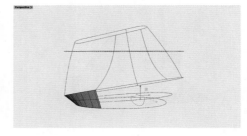

图10-78

如图10-80所示。将转折形态拉伸曲面复制，并将复制的曲面向下移动至如图10-81所示的位置。

图10-79

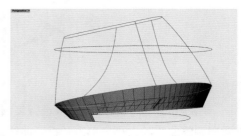

图10-80

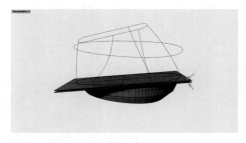

图10-81

16 单击"偏移曲线"按钮 ，将鼠标上端的曲线向内偏移，偏移距离为1.2，单击"分割"按钮 ，使用偏移的曲线将曲面分割，如图10-82所示。将切割后的曲面根据参考图向上移动，然后绘制一条如图10-83所示的曲线。

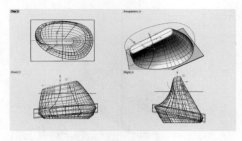
图10-82

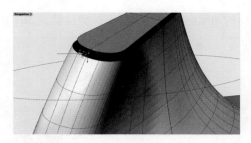
图10-83

17 单击"双轨扫掠"按钮 ，依次选择曲面边缘、鼠标主体曲面边缘和路径曲线，右击在弹出的"双轨扫掠选项"对话框中设置参数，如图10-84所示。完成鼠标顶部的创建，效果如图10-85所示。

图10-84

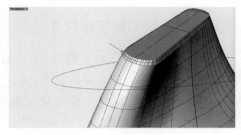
图10-85

10.2.2 绘制无线鼠标按键

01 单击"抽离结构线"按钮 ，根据参考图将按键的位置大小进行结构线的抽离，标记出鼠标按键的大小，如图10-86所示。

02 在抽离的结构线位置绘制一个圆角矩形，单击"曲线偏移"按钮 ，将拉伸的曲线向内偏移，偏移距离为1.2mm。单击"分割"按钮 ，使用圆角矩形分割鼠标顶部曲面，再使用曲线分割圆角矩形，如图10-87所示。

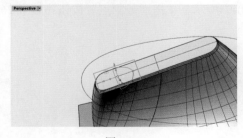
图10-86

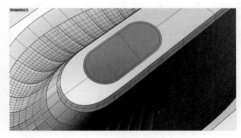
图10-87

03 将分割出的曲面向下移动做出台阶，如图10-88所示，然后将台阶曲面内部曲线向下拉伸出长度为1mm的曲面，且将台阶曲面内部曲线向内偏移，偏移距离为0.1mm，利用操作轴将偏移的曲线向上拉伸成面至按键位置，如图10-89所示。

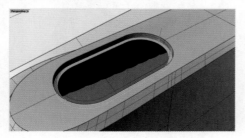

图10-88

图10-89

04 单击"将平面洞加盖"按钮 ，将拉伸出的曲面加盖成实体，单击"边缘斜角"按钮 ，将拉伸出的按键进行斜角处理，如图10-90所示。

10.2.3 绘制无线鼠标纹理

01 单击"结构线分割"按钮 ，根据

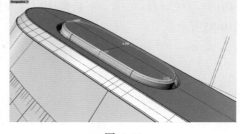

图10-90

参考图确定出纹理曲面的区域。单击"建立UV曲线"按钮 ，对纹理曲面建立UV曲线，如图10-91所示。单击"以平面曲线建立曲面"按钮 ，将UV曲线建立成曲面，如图10-92所示。

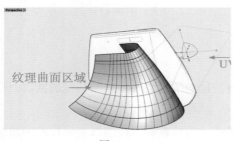

图10-91

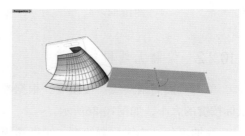

图10-92

02 将建立的曲面锁定，在锁定的曲面上绘制一条如图10-93所示的直线。单击"依线段数目分段曲线"按钮 ，设置分段数目为26，如图10-94所示。单击"分割点"按钮 ，将26个分段在第三个分段处进行分割，如图10-95所示。

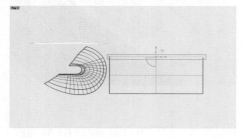

图10-93

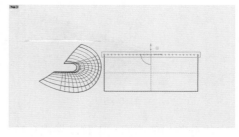

图10-94

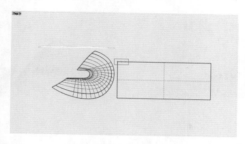

图10-95

03 单击"镜像"按钮🔹，将分割的三个点在UV曲面上镜像，依次绘制两条直线，将其中一条向右平移，再进行镜像，如图10-96所示。单击"放样"按钮🔹，依次选择四根直线进行放样，单击"更改曲面阶数"按钮🔹，选择放样的曲面，设置新的阶数，U为3，V为4，如图10-97所示。

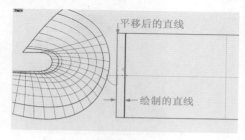

图10-96

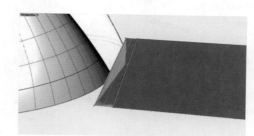

图10-97

04 选择放样曲面中间的两个控制点，切换到Front视图，利用操作轴向下移动形成弧面，如图10-98所示。打开"记录建构历史"，单击"矩形阵列"按钮🔹，将创建的弧面沿着UV曲面进行阵列，设置"X方向的数目"为26，"Y方向的数目"为1，"Z方向的数目"为1，单击确定，如图10-99所示。

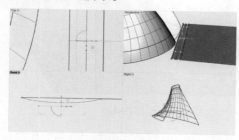

图10-98

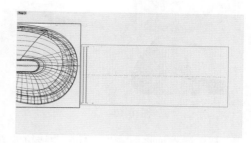

图10-99

05 单击"沿着曲面流动"按钮🔹，依次选择要沿着曲面流动的物件、基准曲面及目标曲面，如图10-100所示。由于鼠标曲面上的纹理是由小变大的渐变效果，所以通过矩形阵列的曲面对鼠标上的纹理大小进行调整。

06 在菜单栏中，执行"面板"/"方块编辑"命令，选择纹理控制物件，设置"控制物件"为边框方块R，设置"坐标系统"为工作平面，变形控制器参数"X点数"为3、"Y点数"为2、"Z点数"为2，右击结束操作命令。选择中间的控制点向右移动，鼠标上的纹理也会随之改变，调整纹理卡在参考图鼠标分模线的位置，将鼠标的曲面进行组合，如图10-101所示。

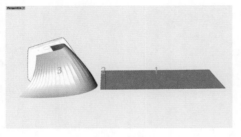

图10-100

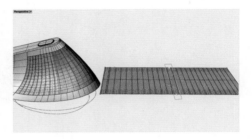

图10-101

10.2.4 绘制无线鼠标体块形态

01 单击"分割"按钮 ，将鼠标模型的底部与拉伸出的转折形态曲面进行分割，如图10-102所示。将鼠标模型的曲面进行结构线分割，如图10-103所示。

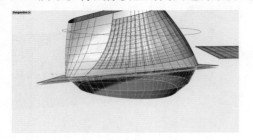

图10-102

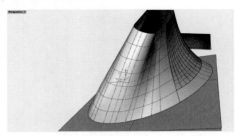

图10-103

02 单击"延伸曲线"按钮 ，根据参考图将鼠标模型的两处分模线进行结构线延伸，如图10-104和图10-105所示。

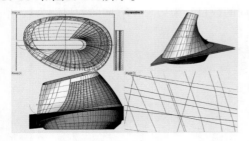

图10-104

图10-105

03 利用操作轴将上一步延伸的曲线拉伸成曲面，如图10-106所示。单击"分割"按钮 ，将延伸出的曲面与鼠标中间部分曲面进行分割，然后进行体块的组合，如图10-107所示。

图10-106

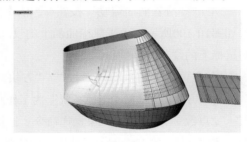

图10-107

10.2.5 绘制无线鼠标滚轮槽

01 切换到Front视图，导入一张新的参考图。在Back视图中，根据参考图绘制出鼠标体块曲线，单击"分割"按钮■，使用曲线将曲面分割，如图10-108所示。在Left视图中绘制一条直线(结合Back视图)，单击"投影曲线或控制点"按钮■，在Back视图中将直线投影到曲面上，通过不断调整直线的方向，确定最终的鼠标体块形态曲线，如图10-109所示。

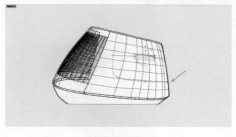

图10-108

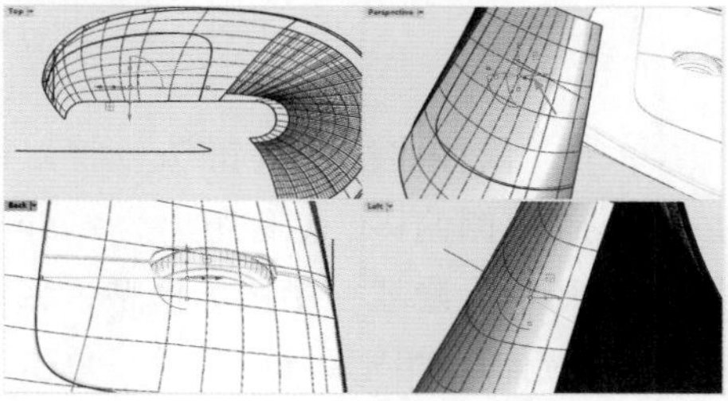

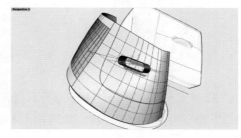

图10-109

02 单击"分割"按钮■，使用投影的曲线分割曲面。单击"直线-曲面法线"按钮■，确定滚轮位置的中心和大小，单击"以Z轴设计工作平面"按钮■，选择滚轮位置中心，如图10-110所示。单击"圆角矩形"按钮■，绘制一个圆角矩形，并将圆角矩形拉伸成曲面，单击"分割"按钮■，将拉伸出的曲面与鼠标曲面进行分割，查看交线的位置是否与参考图的滚轮位置一致，如图10-111所示。

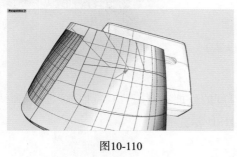

图10-110

图10-111

10.2.6 绘制无线鼠标分模线

01 在Back视图中，单击"偏移曲线"按钮■，将鼠标体块形态曲线向内偏移0.3mm，如图10-112所示。将滚轮位置的投影曲线两侧各偏移0.15mm，如图10-113所示。单击"分割"按钮■，将鼠标曲面与偏移的曲线进行分割，删除多余的面，如图10-114所示。

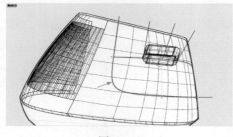

图10-112

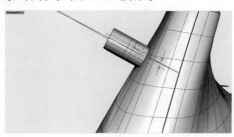

图10-113

223

图10-114

02 单击"偏移曲线"按钮 ，将鼠标模型的分割线向两侧偏移，偏移距离为0.25mm，如图10-115所示。隐藏一半鼠标模型，将偏移的曲线双向拉伸，如图10-116所示。单击"结构线分割"按钮 ，将其余的面都进行分割后删除，随后将分割后的曲面进行组合，如图10-117所示。

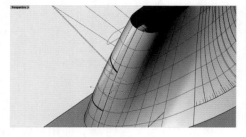

图10-115

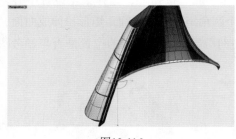

图10-116

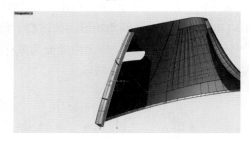

图10-117

03 仅显示分割后曲面的上半部分，进行曲面厚度的处理。利用"双轨扫掠"命令和"延伸曲面"命令为曲面创建厚度，如图10-118和图10-119所示。

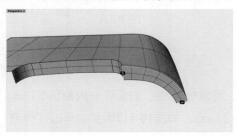

图10-118

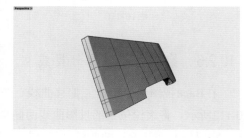

图10-119

04 仅显示如图10-120所示的曲面，单击"偏移曲面"按钮 ，将曲面向内偏移，偏移距离为2mm，将偏移出的厚度保留，其余偏移曲面删除。利用"延伸曲面"命令和"结构线分割"命令进行配合处理，为曲面创建厚度，如图10-121所示。

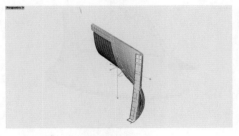

图10-120

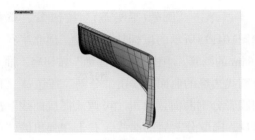

图10-121

05 仅显示如图10-122所示的曲面，运用上述方法为曲面创建厚度，如图10-123所示。

图10-122

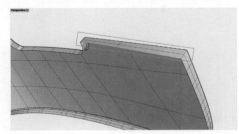

图10-123

技术要点

通常为复杂曲面增加厚度，是为后期的倒角做铺垫。为曲面创建厚度的方法有很多，只要保证曲面能够倒角的条件即可，制作外观模型时不做过多要求。

06 仅显示如图10-124所示的曲面，运用上述方法为曲面创建厚度，如图10-125所示。

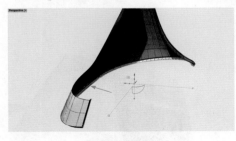

图10-124

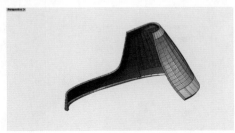

图10-125

07 仅显示如图10-126所示的模型，单击"边缘圆角"按钮 ⬡，将如图10-127所示的边缘进行圆角处理。

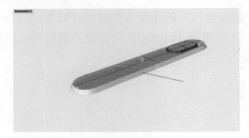

图10-126

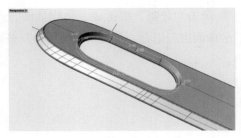

图10-127

08 单击"圆管(平头盖)"按钮 🫘，选择
如图10-128所示的鼠标转折曲线，建立半径为
0.6mm的圆管。单击"抽离曲面"按钮 🧇，抽离
分割线边缘的曲面，单击"分割"按钮 🕸，使
用圆管分割曲面，单击"可调式混接曲线"按
钮 🖾，选取分割后的曲线，右击在弹出的"调
整曲线混接"对话框中设置参数，如图10-129
所示。调整完成的圆角弧度，如图10-130所示。

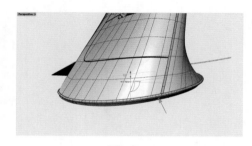

图10-128

图10-129

图10-130

09 单击"双轨扫掠"按钮 🔼，选取分割的曲线与混接的曲线，右击在弹出的"双轨扫掠
选项"对话框中设置参数，如图10-131所示。建立出曲面的圆角形态，效果如图10-132所示。

图10-131

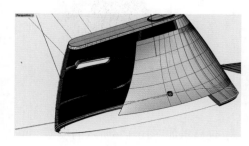

图10-132

10 单击"分割"按钮 🕸，使用抽离的曲面分割双轨扫掠的曲面，如图10-133所示。将分
割后的曲面进行组合，单击"边缘圆角"按钮 🞑，将如图10-134所示的实体曲面边缘进行圆角
处理。

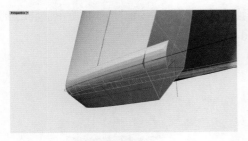

图10-133

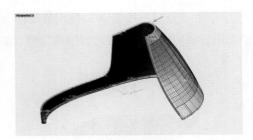

图10-134

11 按照上述方法，将另一半鼠标模型曲面进行圆角处理，如图10-135和图10-136所示。

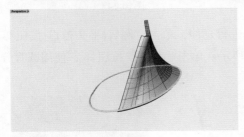

图10-135

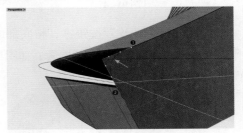

图10-136

12 单击"双轨扫掠"按钮 ⌒，将分割的曲线与混接的曲线进行双轨扫掠，建立出曲面的圆角，将曲面进行组合以后，单击"边缘圆角"按钮 ⬡，将实体曲面边缘进行圆角处理，如图10-137所示。鼠标模型的分模线制作完成，效果如图10-138所示。

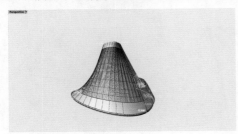

图10-137

图10-138

10.2.7　绘制无线鼠标下壳

01 单击"边缘圆角"按钮 ⬡，将如图10-139和图10-140所示的实体曲面边缘进行圆角处理。

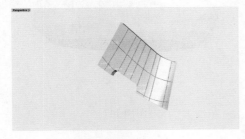

图10-139

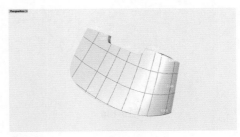

图10-140

02 单击"分割"按钮 ⊥，使用底部曲面分割转折拉伸曲面，如图10-141所示。将分割后的曲面组合成实体，再对齐进行圆角处理，如图10-142所示。

图10-141

图10-142

03 单击"延伸曲线"按钮 ↗，将底部的曲线进行延伸，单击"圆管(平头盖)"按钮 ⊛，选择曲线，建立半径为0.4mm的圆管，如图10-143所示。单击"分割"按钮 ⊥，使用圆管分割曲面，如图10-144所示。

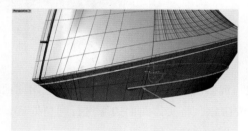

图10-143

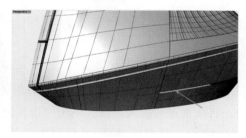

图10-144

04 单击"混接曲面"按钮 ⬶，选取分割出的曲面边缘，如图10-145所示。右击在弹出的"调整曲面混接"对话框中设置参数，如图10-146所示。将曲面组合成实体，并对底部边缘进行圆角处理，如图10-147所示。

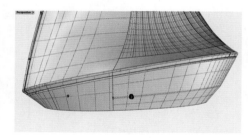

图10-145

图10-146

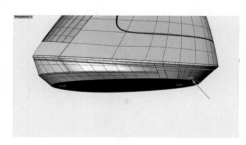

图10-147

10.2.8　绘制无线鼠标滚轮

01 在Top视图中，导入一张新的参考图，将其大小进行调整后锁定，绘制两条如图10-148所示的直线。切换到Left视图，将绘制的直线顶端控制点利用操作轴向上移动，导入一张新的参考图，将其大小进行调整后锁定，绘制一条圆形曲线，如图10-149所示。

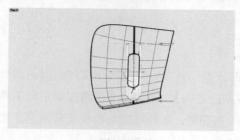

图10-148

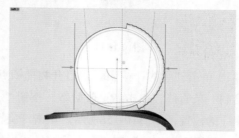

图10-149

02 切换到Top视图，将上一步绘制的圆形曲线平移到参考图的最左侧，并进行复制，根据参考图，将复制的曲线向右平移，如图10-150所示。按住键盘上的Shift键，根据参考图调整圆的大小，如图10-151所示。

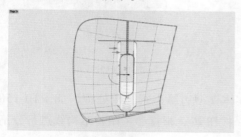

图10-150

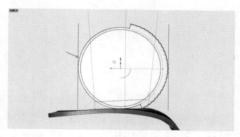

图10-151

03 单击"放样"按钮 ，选取两条圆形曲线，右击弹出"放样选项"对话框，设置参数如图10-152所示。单击"确定"按钮完成命令，效果如图10-153所示。

图10-152

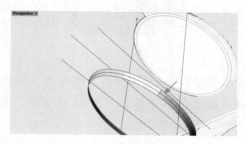

图10-153

04 单击"将平面洞加盖"按钮 ，将放样出的曲面加盖成为实体，如图10-154所示。单击切换到Top视图，单击"镜像"按钮 ，将上一步放样出的实体进行镜像，如图10-155所示。

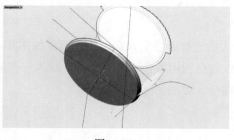

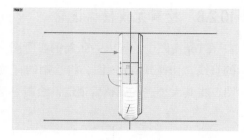

图10-154　　　　　　　　　　　　　图10-155

05 单击"直线"按钮✎，打开物件锁点的"四分点"，在镜像的两个实体之间的四分点处绘制一条直线，单击"更改阶数"按钮▧，设置新阶数为3，根据参考图将控制点向下移动至相应的位置，如图10-156所示。单击"旋转成形"按钮♈，选择移动的曲线旋转成形，然后单击"将平面洞加盖"按钮▧，为旋转成形的模型加盖，如图10-157所示。

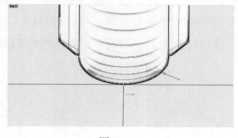

图10-156　　　　　　　　　　　　　图10-157

06 单击"边缘圆角"按钮▧，将上一步的实体模型边缘进行圆角处理，如图10-158所示。将旋转成形的实体炸开，单击"结构线分割"按钮▧，根据参考图将结构线进行分割，单击"镜像"按钮▧，将分割线进行镜像，并对其进行分割，如图10-159所示。

图10-158　　　　　　　　　　　　　图10-159

07 单击"建立UV曲线"按钮▧，对滚轮纹理曲面建立UV曲线，并将UV曲线建立成曲面，如图10-160所示。

08 在曲面上绘制一条直线，单击"依线段数目分段曲线"按钮▧，分段数目为26，如图10-161所示。单击"分割点"按钮▧，将26个分段在第三个分段处进行分割，其余的部分

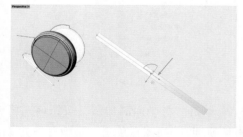

图10-160

删除，单击"镜像"按钮▧，将剪切下的三个点进行镜像，再在UV曲面上绘制两条直线，将

端点的直线复制，向右平移，再将平移后的直线进行镜像，如图10-162所示。

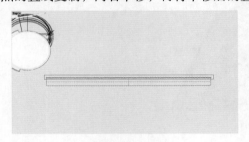

图10-161

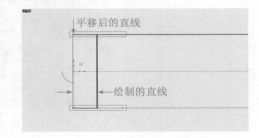

图10-162

09 单击"放样"按钮 🔀 ，依次选择四根直线放样成曲面，单击"更改曲面阶数"按钮 DEG ，选择放样的曲面更改阶数，设置新的阶数，U为3，V为4，如图10-163所示。选择中间的两个控制点，切换到Front视图，利用操作轴向下移动形成弧面，如图10-164所示。打开"记录建构历史"，单击"矩形阵列"按

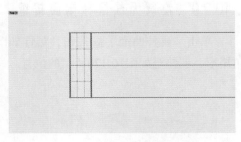

图10-163

钮 ▦ ，将创建的弧面沿着UV曲面进行阵列，设置"X方向的数目"为26，"Y方向的数目"为1，"Z方向的数目"为1，右击结束操作命令，如图10-165所示。

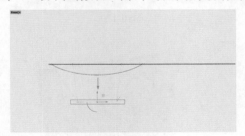

图10-164

图10-165

10 单击"反转方向"按钮 ⚙ ，选择如图10-166所示的两个物件，反转法线方向。单击"沿着曲面流动"按钮 ⑰ ，依次选择沿着曲面流动的物件、基准曲面及目标曲面，然后将滚轮的曲面组合，如图10-167所示。

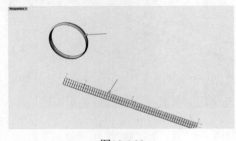

图10-166

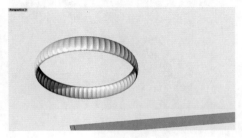

图10-167

11 在工作平面单击"以Z轴设计工作平面"按钮 ▧ ，选中滚轮位置中心，以调整滚轮相对位置，单击"边缘圆角"按钮 ⬡ ，将滚轮模型的边缘进行圆角处理，如图10-168所示。

图10-168

10.2.9　绘制无线鼠标侧面按键

01 单击"延伸曲面" 按钮，延伸如图10-169所示的曲面。然后绘制出一个同样尺寸的圆角矩形，调整至如图10-170所示的位置。

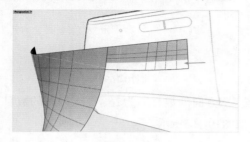

图10-169

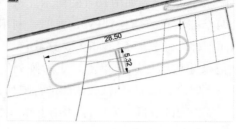

图10-170

02 单击"分割"按钮 ，使用圆角矩形分割曲面，将分割后的曲面拉伸成实体，单击"抽离曲面"按钮 ，将拉伸出的实体按键中多余的曲面进行抽离，如图10-171所示。

03 单击"布尔运算分割"按钮 ，将按键与曲面进行分割，将分割后的曲面进行圆角处理，如图10-172所示。将侧面按键进行斜角处理，如图10-173所示。

图10-171

图10-172

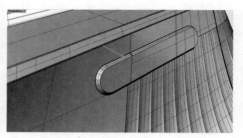

图10-173

04 在Front视图中，绘制一条如图10-174所示的直线，单击"延伸曲线"按钮 ⤴，将绘制的直线两端延伸。

05 单击"圆管(平头盖)"按钮 🔵，选择直线，设置圆管半径为0.26mm，按Enter键完成圆管的创建，如图10-175所示。单击"布尔运算差集"按钮 🔵，将圆管与按键进行布尔运算。单击"边缘圆角"按钮 🔵，将按键进行圆角处理，侧面按键完成，如图10-176所示。

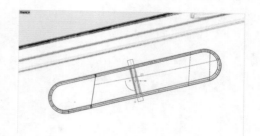

图10-174

图10-175

图10-176

10.2.10 绘制无线鼠标细节

01 在Front视图中，绘制一条如图10-177所示的圆形曲线。单击"分割"按钮 🔺，使用圆形曲线分割曲面，并将分割后的曲面保留。将分割保留的曲面向内拉伸成实体，作为鼠标的灯珠，再进行圆角处理，如图10-178所示。

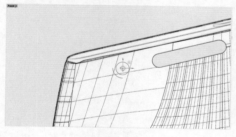

图10-177

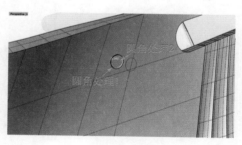

图10-178

02 无线鼠标的建模案例完成，如图10-179所示。

图10-179

第11章

KeyShot 10基础渲染功能

主要内容: 本章介绍了KeyShot 10从基础命令到高级渲染的相关内容,并结合实践案例对KeyShot 10的基础渲染操作方法进行讲解。

教学目标: 通过对本章的学习,使读者快速掌握KeyShot 10所涉及的命令及功能。

学习要点: KeyShot 10的功能命令,KeyShot 10渲染的基础流程。

Product Design

11.1　KeyShot 10的设计应用

　　KeyShot是基于 LuxRender 内核的实时光线跟踪与全域照明程序。基于LuxRender 技术开发的软件无须复杂的设定，通过对材质、环境、光照、贴图进行模块化设定，就可以得到即时的3D渲染影像效果。作为产品设计师，应深刻意识到产品造型效果的基础是由建模+后期渲染两部分组成的，其本质是内嵌于产品设计之中的，也是实现产品构想的极佳选择。

　　了解产品设计的整个流程，可以使设计者更好地理解建模和渲染过程中的操作步骤，将产品以更好的方式呈现出来，如图11-1～图11-4所示。

图11-1

图11-2

图11-3

图11-4

　　KeyShot因其丰富的预设资源库，界面简洁，易于上手，适用且支持导入各种主流建模软件的模型文件，可以与Rhino高度配合，进行高效的产品渲染工作。相较于以前的版本，KeyShot 10版本的功能和改进主要集中在"工作流程和用户界面""模型和环境""材质和渲染""导出和集成"四个领域。目前，KeyShot 10版本可以创建更为高级的视觉效果，材质的真实感、动画化的模型、交互式的观看体验、更多的文件导出格式、更快的场景设置等都大大提高了渲染效果图的质量，使设计师在进行产品设计时可以更为真实地表达设计创意。

11.2　KeyShot 10工作界面

11.2.1　窗口管理

　　KeyShot 10窗口中，包含菜单栏、图标栏、渲染窗口、快捷方式栏，如图11-5所示。

图11-5

1. 菜单栏

菜单栏中为KeyShot 10的各项操作命令和选项功能，包含了"文件""编辑""环境""照明""相机""图像""渲染""查看""窗口""帮助"菜单，如图11-6所示。

文件(F) 编辑(E) 环境 照明(L) 相机(C) 图像 渲染(R) 查看(V) 窗口 帮助(H)

图11-6

在"文件"菜单中，包含待渲染产品的导入与导出、打开，文件与文件包的保存等功能。

"编辑"菜单中，首选项为KeyShot的各种设置，此外还包含添加的各种几何图形、物理光源等。

"环境""照明""相机""图像"菜单中，各项功能与项目中的各个渲染功能设置相同，这里不做赘述。

"渲染"菜单中，是关于暂停实时渲染、GPU模式、屏幕截图等功能。

"查看"菜单中，是关于一些帮助类的设置，如抬头显示器便于用户更好地查看实时渲染的过程中的参数。

"窗口"菜单中，是关于KeyShot界面的设置，包括选项卡的增加与删除等功能，用户可根据自身喜好设置界面显示窗口。

"帮助"菜单中，是关于软件本身的相关内容的介绍。

2. 图标栏

图标栏是提供常用功能的快捷方式栏，用户可以根据自身习惯增减工具，如图11-7所示。

图11-7

11.2.2 视图控制

视图控制用于控制渲染产品的观察视角，主要包括如下三种控制机制，如图11-8所示。

图11-8

翻滚是控制产品旋转，便于用户调整产品观察角度；平移为控制产品二维移动，便于用户调整产品观察的位置；推移是调整产品观察的视距，功能类似相机的远近，便于用户观察产品的大小和细节。

11.3　KeyShot 10基础操作

11.3.1　模型导入

先将需要渲染的3D模型导入KeyShot中，设置选择Z轴向上的方向，保证模型在导入KeyShot后保持直立，也可以在导入模型后通过移动工具来调整模型的位置，且使得模型贴合地面，如图11-9所示。

11.3.2　场景编辑

场景列表也被称为场景树，场景列表中包含了"场景设置""相机""环境"选项，如图11-10所示。场景列表

图11-9

由第一层级场景设置，第二层级模型组，第三层级部件组，共3个层级组成。单击场景列表中的 👁 图标，可以对项目进行隐藏或显示操作；单击 🔒 图标，可以对项目进行锁定或解锁操作。

当把3D模型导入KeyShot后，同一图层中的模型物件会被导入同一模型组中。单击场景列表左上角的 » 按钮，可以打开"场景设置"侧边栏，其中可以对场景设置进行锁定、添加、重命名等操作，如图11-11所示。

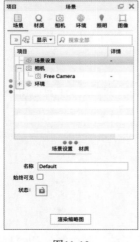

图11-10

图11-11

11.3.3 照明设置

"照明"选项卡，对模型照明质量进行设置。其中包含"照明预设值""环境照明""通用照明""渲染技术"选项组，如图11-12所示。

"照明预设值"选项组：可对照明模型类别进行选择或编辑，程序预设了5种常用的照明模式以应对大多数模型照明情况。

"环境照明"选项组：可对"阴影质量"进行参数设置，若勾选"地面间接照明"复选框，程序会自动将照明预设值进行自定义设置。

"通用照明"选项组：可对"射线反弹"进行参数设置。

"渲染技术"选项组：可修改渲染模式。

KeyShot 10通过新添灯光管理工具和创建物理照明，使场景设置更为快捷。新的灯光管理器可以从一个位置控制所有场景的照明，对环境照明及任何物理光都可进行定向的选择和调整，如图11-13所示。

图11-12

图11-13

11.3.4 相机设置

"相机"选项卡，是对场景中的相机进行管理和编辑，选择不同的相机视图，可以定向查看模型不同的视角。"相机"列表下方包含的"位置和方向"选项组可对常规的距离和角度进行设置，"镜头设置"选项组可对相机的视角和视野进行设置。除常规设置外，还可对相机的透视和焦距进行修改，如图11-14所示。

相机设置是渲染出图中所呈现的视角，所以在进行相机设计时，应最大化地展示模型的特点，与环境配合出最优摆放角度。镜头设置则要根据渲染目的有的放矢。KeyShot 10可将模型自动旋转制作成扭曲角动画，在展示时可以增加产品的科技感，如图11-15所示。

图11-14   图11-15

11.3.5　图像设置

"图像"选项卡可对输出的图片分辨率进行参数设置，并对即时渲染输出的画面效果进行调整。分辨率的调整只针对输出图像本身，不会影响渲染速度。

"图像"调整面板中包含"基本"和"摄影"两种模式，如图11-16和图11-17所示。"基本"模式可对图像的色差及伽马值等进行调整，"摄影"模式则是在基本模式的基础上增添了与色调映射、曲线调整、颜色显现相关的参数设置。

KeyShot 10改进了"基本"模式中的"调节"功能，除了"去燥混合"功能外，新添加了"萤火虫滤镜"效果，可将图像中由于物理灯光照射的荧光斑优化，是一种新的图像样式"降噪"滑块，使图像即时渲染输出效果更为整洁。

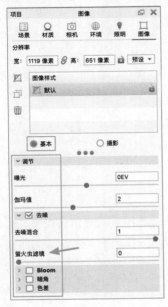

图11-16   图11-17

11.3.6 渲染设置

对产品进行一系列场景、模型、材质等设置后，就可以渲染出图了。单击工具栏中的"渲染"选项，打开"渲染"对话框，可以对离线渲染进行参数设置，还可以根据离线渲染对象类型特点进行针对性设置。

(1)"输出"标签，是对离线输出图像进行设置，如图11-18所示。除"分辨率""名称""层和通道""区域"等基本的通用参数外，用户可根据需要对输出的图像进行针对性设置。

- "静态图像"选项卡，可对输出的静态图像进行渲染参数设置，输出格式除了PNG、JPEG、TIFF等常见的格式外，还可选择EXR、TIFF32bit、PSD、PSD16bit、PSD32Bit格式。其中，"alpha(透明度)"，除导出JPEG格式外，还可输出半透明和全透明的图像，勾选"元数据"复选框，可以在输出图像时额外保存文件所有属性及设置的元数据文件。"分辨率"和"打印大小"文本框中设置的分辨率不同于渲染窗口中的分辨率，此分辨率决定了图像离线渲染时的分辨率，打印图像时，设置的打印大小和DPI参数会自动转换为渲染分辨率。

- "动画"选项卡，用于输出模型中动画的相关参数，相较于静态图像，增加了"时间范围"的参数设置，如图11-19所示。其中，时间范围有"整个持续时间""工作区""帧范围"3种输出方式，后期动画输出可以根据"视频输出"和"帧输出"进行针对性地开启。

图11-18

图11-19

- "配置程序"选项卡，除了用于设置输出图像时通用的输出参数外，还可以对"模型变体""材质变体""工作室变体"进行设定，如图11-20所示。

图11-20

(2) "选项"标签,是通过对相应数值的调整来控制图像离线渲染的质量和时长。"模式"选项卡是渲染时程序的运行模式,用户根据离线渲染运行要求可自主选择渲染模式,如图11-21所示。"质量"选项卡通过对渲染有关的各项参数的调试,灵活控制离线渲染的质量和时间。其中,"自定义控制"选项中新增了"相机景深质量"和"焦散线质量"功能,使图片输出得到更加准确的光照效果和更为真实的渲染效果。

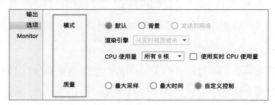

图11-21

(3) Monitor标签,通过添加任务、相机、场景设置等,使得渲染任务呈队列形式,通过右侧一系列操作按钮执行队列中每个渲染任务的管理操作,如图11-22所示。

图11-22

技术要点

渲染设置要根据渲染目标进行不同模式的选择,渲染画面的真实与否,主要是依靠布景、布光、材质和相机实现的,渲染设置只决定渲染的图像质量与渲染速度,与画面效果是否真实关系不大。

11.4 KeyShot 10属性设置

11.4.1 材质的类型与运用

材质可视为材料与质感的结合。渲染程序中,材质的赋予是模型可视化属性的结合,包含模型表面的色彩、纹理、透明度等属性设置,可将用户需要的材质属性准确地应用到模型部件中,从而渲染出逼真写实的图像视觉效果。

由于模型完成后,程序无法自动识别模型是由何种物质所构成的,而无法呈现出理想的视觉效果。因此,赋予材质便成为模型能被系统识别的最有效方法。KeyShot材质编辑器位于

"材质"选项卡里,此选项卡中可以对材质属性进行设置,如图11-23所示。

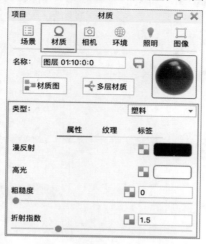

图11-23

"材质"选项卡中包含"名称""类型"等选项。单击"材质图"按钮,可以用节点视图的方式对材质进行可视化编辑,如图11-24所示。

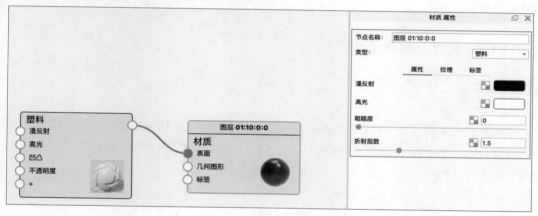

图11-24

单击"多层材质"按钮,使当前材质转变为多层材质,并且形成材质组的模式,便于不同材质效果之间通过参数或类型的切换进行对比,如图11-25所示。

"类型"选项可以对材质进行设定,根据不同的材质类型可以有选择地显示和设置特定的材质参数,如图11-26所示。

模型导入后,需要对模型的每个部件附着相应的材质。打开"库"选项卡,选择对应的材质赋予模型,双击模型可以设置材质的参数,如图11-27所示。

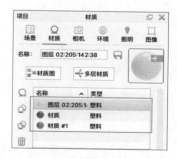

图11-25

243

图11-26

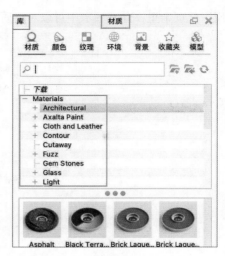

图11-27

若赋予模型同一图层但不同部位的材质，则需要选择"取消链接材质"选项，使各部分在调节材质时互不干涉。

11.4.2 贴图与标签设计

1. 贴图

(1) 纹理贴图。

纹理贴图关系到模型的外观和质感，可以丰富材质的细节，体现模型材质的自然感。单击在"材质"选项卡中的"纹理"子选项卡，可看到"漫反射""高光""凹凸""不透明度"选项，如图11-28所示。

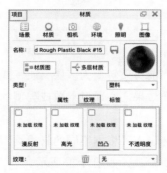

图11-28

"漫反射"选项：在漫反射通道中赋予相应的纹理贴图，对贴图进行尺寸及映射的设置，可以表现出材质表面的贴图图案、纹样和色彩效果。

"高光"选项：在高光通道中赋予相应的纹理贴图，可以对材质的高光特性进行调控。

"凹凸"选项：在凹凸通道中赋予相应的纹理贴图，可以对材质表面的凹凸程度和肌理效果进行调控。

"不透明度"选项：在不透明度中赋予相应的纹理贴图，可以使用黑白值或alpha通道对材质的透明镂空效果进行调控。

(2) 贴图映射。

"纹理"中各个通道被赋予纹理贴图后，需要根据模型的形状设置对应的映射方式，使模型上纹理贴图的效果达到最佳。KeyShot 10提供平面、框、圆柱形、球形、UV、相机和节点7种常用的映射类型，如图11-29所示。

图11-29

平面映射：最基本的映射方式，纹理贴图以二维的方式投影至三维模型中，映射方向有平面X、Y、Z轴映射。当平面映射时，不面向映射轴方向的三维模型表面将会出现拉伸或压缩变形的情况。

框映射：是平面映射的延伸，类似于一个立方体的盒子从六个面的方向对三维模型进行投射，全方位将整个模型包围住。框映射可以使得纹理贴图在各方向不容易出现拉伸的情况，因此也是最常用、适用范围最广的映射方式之一。

圆柱形映射：圆柱形映射是以圆柱形体的方式对模型进行纹理贴图映射，模型主体部分以圆柱体内部的表面环绕方式进行映射，两端部分以平面的方式进行映射，被映射的不面向圆柱体内壁的表面纹理贴图可能会产生变形。

球形映射：球形映射是以球形体的方式对模型进行纹理贴图映射，从两个方向弯曲对三维模型进行映射，纹理贴图随着延伸至球体的两极而开始出现收缩，拉伸可能越来越明显。

UV映射：UV映射相比于前几种映射方式而言较为复杂。首先需要对模型进行UV展开，即将三维模型展开为二维平面的过程，再对需要纹理贴图的部分绘制纹理贴图，最后对模型赋予纹理贴图时选择UV映射，纹理贴图会自动与展开的UV模型面相匹配，从而完成UV映射。UV展开图大多在三维建模软件或专门软件中完成。

相机映射：是使纹理贴图始终与相机保持相对的位置，无论模型与相机如何变化，纹理贴图都会正对画面。

节点映射：节点映射是以UV节点信息为参考的映射方式。

2. 标签

"标签"选项卡内置于"材质"属性面板中，可以使用户快速地在模型中放置标签或LOGO等内容，是KeyShot独有的贴图系统。"标签"选项卡下方为标签列表，通过单击"添加标签"按钮 ，可以添加纹理标签、材质标签、视频标签，如图11-30所示。

"标签"列表下方是"标签属性""标签纹理"子选项卡，因其本质是由不同材质相互叠加，所以与材质编辑器性质相同。

"标签类型"有半透明、塑料、平坦等16种，如图11-31所示。

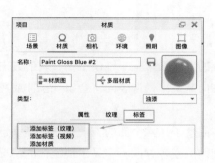

图11-30   图11-31

以金属球体为例,添加纹理标签,如图11-32所示。单击"添加标签"按钮 ✚,选择标签图像文件。图案加入标签列表时会自动激活交互式映射工具,图案也会实时显示于模型中。使用映射工具可以调整标签的位置、大小及方向。

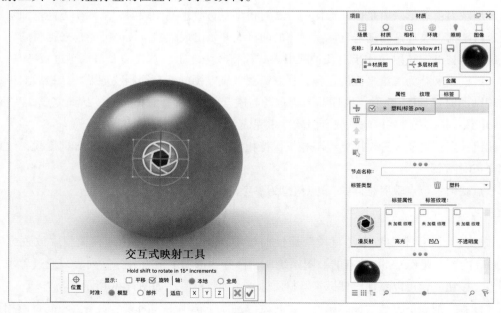

图11-32

技术要点

纹理标签同样也会有材质类型,一般默认为塑料材质。

11.4.3　节点材质编辑

"材质图"是对材质模块进行视觉化编辑的窗口，取代原本列表形式的编辑模式，以连接节点的方式使得材质结构更为清晰。

单击"材质"属性面板中的"材质图"按钮▓▀，如图11-33所示。节点的显示区为材质图的工作区，可以自由拖动、连接和编辑各类节点。节点框左侧的圆点为输入点，右侧的圆点为输出点，单击并拖动输出点即可拉出一条蓝色线条放置于另一个节点框的输入点中，表示相应的通道插入了对应的材质贴图，节点之间的连接便已建立。输出点连接多个输入点，表示同一个贴图可以赋予多个通道，可能出现多层嵌套的结构。

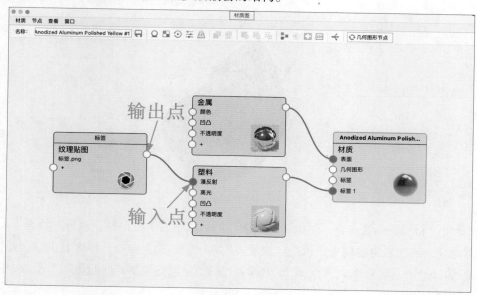

图11-33

节点材质包含了半透明、塑料、实心玻璃、平坦等30多种材质，对于材质的表现可以快速呈现出不同的效果，如图11-34所示。

图11-34

11.5　游戏鼠标案例实践

01 启动KeyShot 10软件，单击"导入"按钮，弹出"KeyShot导入"对话框，将"位置"设置为"向上Z"，然后导入游戏鼠标文件，如图11-35所示。在"背景"标签下，选择背景图，如图11-36所示。设置环境参数，如图11-37所示。

02 在材质库中找到Plastic/Hard/Hard Rough Plastic Black材质，将其赋予鼠标主体，如图11-38所示。设置参数，如图11-39所示。

图11-35

图11-36

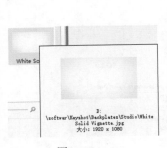

图11-37

图11-38

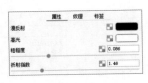

图11-39

03 单击"材质图"按钮 ，弹出"材质图"对话框。右击空白处，执行"纹理"/"噪点(碎形)"命令，再次右击空白处，执行"纹理"/"噪点(纹理)"命令，再次右击空白处，添加"凹凸添加"命令，随后将"噪点(碎形)和噪点(纹理)分别连接至"凹凸添加"面板中的"凹凸贴图1""凹凸贴图2"，设置参数，如图11-40所示。

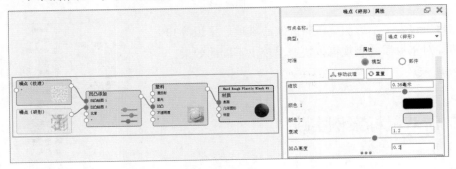

图11-40

04 由于鼠标滚轮面较为光滑，在赋予塑料材质时要与鼠标主体曲面区分开。右击鼠标滚轮面，执行"解除材质链接"命令，单击"材质图"按钮 ，删除"噪点(碎形)"面板，如图12-41所示。然后编辑鼠标滚轮面的材质，设置参数，如图11-42和图11-43所示。

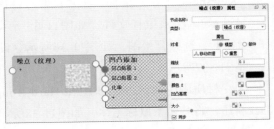

图11-41

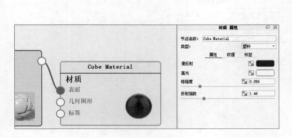

图11-42

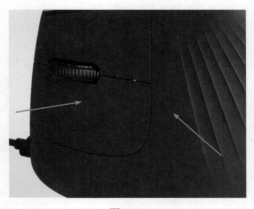

图11-43

05 将鼠标模型的其他部件执行"解除材质链接"命令，使所有零部件的材质独立，分别对各部件材质设置参数，如图11-44和图11-45所示。

图11-44

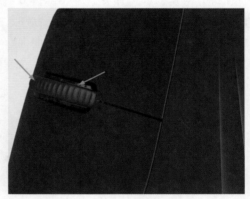

图11-45

06 选取鼠标滚轮，删除原来的纹理凹凸，赋予"皮革"纹理，如图11-46所示。单击"材质图"按钮 ，编辑"皮革"纹理贴图，设置参数，如图11-47所示。

图11-46

249

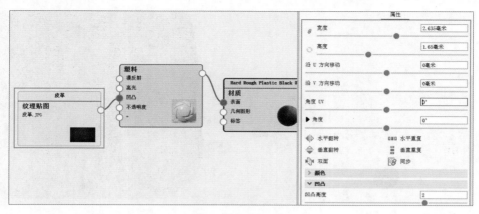

图11-47

07 右击鼠标顶部曲面，如图11-48所示。执行"拆分对象表面"命令，弹出"拆分对象表面"对话框，设置"拆分角度"为18，如图11-49所示。选择如图11-50所示的曲面，单击"拆分表面"按钮，再单击"应用"按钮结束命令。

图11-48

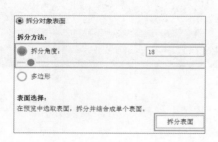

图11-49

图11-50

08 右击鼠标按键，执行"拆分对象表面"命令，弹出"拆分表面对象"对话框，设置"拆分角度"为9，如图11-51所示。选择如图11-52所示的曲面，单击"拆分表面"按钮，再单击"应用"按钮结束命令。

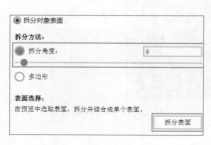

图11-51

图11-52

09 选择鼠标按键的曲面，单击"材质图"按钮 ，设置"噪点(纹理)"的凹凸高度参数，如图11-53所示。设置色彩参数，如图11-54所示。

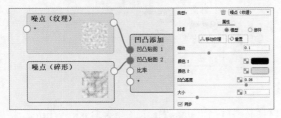 

图11-53　　　　　　　　　　　　　　　　　　图11-54

10 右击鼠标顶部曲面，选择上一步执行"拆分对象表面"命令的曲面边缘面，单击"材质图"按钮 ，删除"噪点(碎形)"面板，设置参数，如图11-55所示。

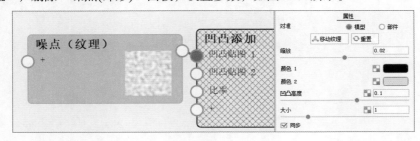

图11-55

11 右击滚轮侧边曲面，如图11-56所示。执行"拆分对象表面"命令，弹出"拆分对象表面"对话框，设置"拆分角度"为6.12，如图11-57所示。选择如图11-58所示的曲面，单击"拆分表面"按钮，再单击"应用"按钮结束命令。

图11-56

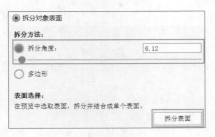

图11-57

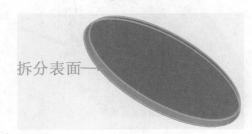

图11-58

12 右击滚轮侧边曲面，执行"解除材质链接"命令，删除原来的"凹凸"纹理，单击"材质图"按钮，添加一个"拉丝"纹理。执行"材质图"命令，将"映射类型""尺寸和映射"等参数进行相应设置，如图11-59所示。

图11-59

13 右击指示灯，执行"仅显示"命令，在材质库中找到Glass/Basic/Class Basic White，将材质赋予指示灯，如图11-60所示。

图11-60

14 显示其余部件，如图11-61所示。将指示灯内部件材质的"类型"设置为"点光"，设置参数，如图11-62所示。

图11-61

图11-62

15 对鼠标模型添加光源，在"环境"属性面板的"HDRI编辑器"中，单击"添加针"按钮⊕，如图11-63所示。编辑"针#1"，设置参数，如图11-64所示。

图11-63

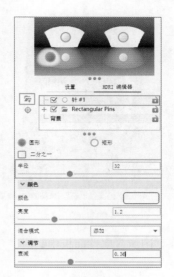

图11-64

16 再次添加两个针，将光源打在如图11-65所示的位置，设置参数，如图11-66所示。将光源打在如图11-67所示的位置，设置参数，增强产品的质感，如图11-68所示。

图11-65

图11-66

图11-67

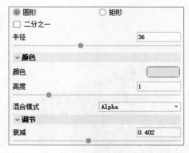

图11-68

17 对滚轮侧边曲面添加光源，如图11-69所示。设置参数，增加滚轮的层次感和立体化效果，如图11-70所示。

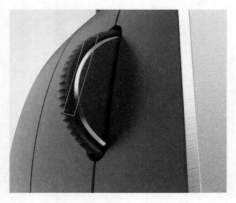
图11-69

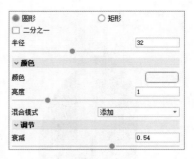
图11-70

18 在"图像"属性面板中,对"色调映射"选项区的参数进行设置,如图11-71~图11-73所示。

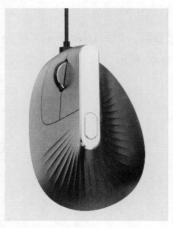
图11-71

图11-72

图11-73

19 选择鼠标顶部金属材质,如图11-74所示。单击"多层材质"按钮,复制原来的材质类型为"金属边2",对金属边添加光源,在"环境"属性面板的"HDRI编辑器"中,单击"添加针"按钮,编辑"针#7",设置参数增强金属边的质感,如图11-75所示。

图11-74

图11-75

20 在"图像"属性面板中，复制一个图像样式为"图像样式1"，如图11-76所示。设置参数，以此增加产品的细节和环境色，如图11-77所示。

图11-76　　　　　　　　　　　　　　　　　　　图11-77

21 游戏鼠标的最终渲染效果，如图11-78和图11-79所示。

图11-78　　　　　　　　　　　　　　　　　　　图11-79

第 12 章

KeyShot 10高级渲染案例实践

主要内容：本章通过案例，讲解如何通过材质的细节表现和打光技巧，使黑色和白色产品表现得更加真实生动。

教学目标：通过对本章的学习，使读者掌握最为常见的黑色产品和白色产品的渲染技巧与后期修图技巧。

学习要点：材质的差异性和光影层次表现，产品结构形态打光。

Product Design

在产品设计中，利用色彩来改善人机关系显得尤为重要。受简约设计风格的影响，黑白配色以绝对性优势占领消费类电子产品色彩的主流，黑与白的比例关系决定着产品色彩设计效果的好坏。

对于黑色产品与白色产品的渲染属于两个极端，但它是设计工作中运用最多的两种颜色，如体育器械、智能家电、工业设备、电子设备、交通工具等。因此，黑白产品也一直用于考验设计师的渲染功底。

12.1 黑色耳机渲染案例

黑色产品相较于白色产品会简单一些，但需要注意的是，渲染黑色产品时要避免过黑、死黑等问题。下面通过黑色耳机渲染案例详细讲解黑色产品的渲染方法。

12.1.1 基础材质调整

材质类型可以快速地将真实世界、物理上精确的材质属性应用于模型部分，可以根据需要调整每项材质的参数设置，以达到理想的渲染效果。

一个好的效果图缩小看是有对比的，如图12-1所示。可以看出，上盖跟下盖的亮度有一些差异，包括耳机部分高亮和柔和的地方，放大可以看到里面的细致结构，一些杂色可以通过后期处理进行去除。

图12-1

01 将源文件置入KeyShot 10软件中，在右侧工具栏中单击"相机"，设置"镜头设置"为"视角"，"视角角度"为120mm，如图12-2所示。在"环境"选项中设置"背景"为白色，并关闭"地面阴影"，如图12-3所示。

图12-2

图12-3

02 单击"添加相机"选项，添加此视角，如图12-4所示。自由旋转后，单击"重置相机"选项，可回到新添加视角的角度。

图12-4

03 调整到一个合适的渲染角度，如图12-5所示(注意：在赋予产品材质之前，右击耳机，选择"解除材质链接"选项)。双击耳机，在"材质"选项中进行设置，设置"粗糙度"为0.1，如图12-6所示。

图12-5

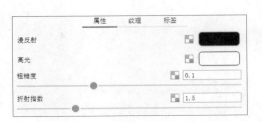

图12-6

04 设置漫反射颜色参数，如图12-7所示。运用同样的方法，将其他面赋予同样材质，图12-8中标记的几个面除外。然后双击未处理的面，在"材质"面板中进行设置，设置"折射指数"为1.65，如图12-9所示。

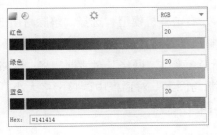

图12-7

图12-8

图12-9

05 右击耳机听筒部分，选择"解除材质链接"选项。在"场景"选项中，选中需要单独设置的耳机部分，按S键，进入单独模式，如图12-10所示。

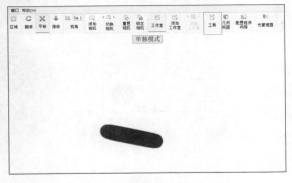

图12-10

06 双击耳机，执行"工具"/"拆分对象表面"命令，设置拆分角度为3.6，选中要拆分的面，单击"拆分表面"按钮，如图12-11所示。单击"应用"按钮，效果如图12-12所示。

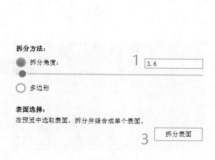

图12-11

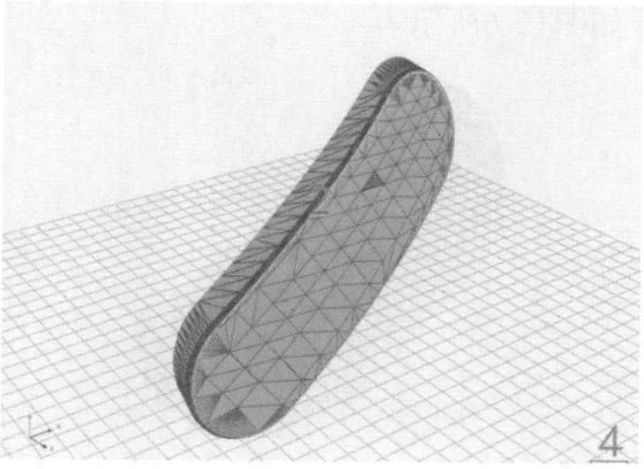

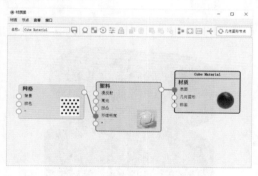

图12-12

07 右击耳机模型，选择"解除材质链接"选项，再双击耳机模型，在"材质"选项中单击"材质图"按钮，弹出"材质图"对话框。在空白处右击，执行"纹理"/"网格"(为了制作网孔)，弹出"网格"对话框，将"网格"与"不透明度"相链接，如图12-13所示。在右侧"形状与图案"对话框中调整网格大小，设置"网格图案"为"交错"，设置图案间距，如图12-14所示。

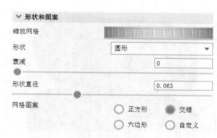

图12-13

图12-14

08 将"网格"与"凹凸"相链接，双击"塑料"面板，单击"纹理"选项，设置"凹凸高度"为-1，如图12-15所示。将另一个耳机的面赋予同样的材质，如图12-16所示。

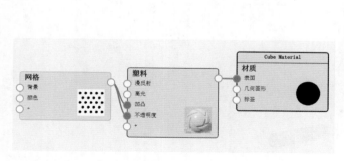

图12-15

图12-16

12.1.2 耳机盒盖光影处理

01 在"环境"中，选择如图12-17所示的灯光放置渲染窗口，将HDRI编辑器中的灯光全部删除，模型效果如图12-18所示。

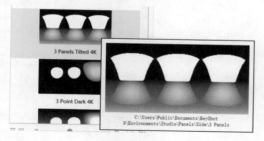

图12-17

图12-18

02 单击"添加针"按钮⊕，新增灯光1，单击盒盖上半部，对盒盖上半部打光，如图12-19所示。选择"矩形"选项，设置X为55.1、Y为32.5、"亮度"为7、"衰减"为0.5，单击"设置高亮显示"按钮⊕，调整光照到适当位置，如图12-20所示。

图12-19

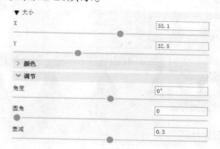

图12-20

03 单击"添加针"按钮⊕，新增灯光2，对盒盖下半部打光，调整到适当位置后，选择"矩形"选项，设置X为43.8、Y为16.3、"亮度"为0.8、"衰减"为0.5，如图12-21所示。

04 根据上一步骤的操作，对盒盖下半部边缘处打光，如图12-22所示。

图12-21

图12-22

05 再选择盒盖上半部边缘处，如图12-23所示。为物体设计倒角光，设置参数，如图12-24所示。

图12-23

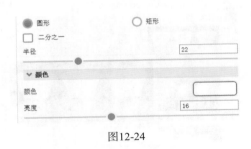

图12-24

12.1.3 耳机盒体光影处理

01 单击"创建空白的环境贴图"按钮⊕，新建空白环境，选择如图12-25所示的灯光拖入耳机框中，将HDRI编辑器中的灯光全部删除，如图12-26所示。

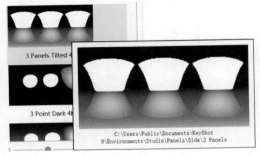

图12-25

图12-26

02 在处理黑色材质时，设置材质"粗糙度"为0.01，设置"类型"为"高级"，在子选项里设置氛围颜色，如图12-27所示。氛围可以使暗处的颜色偏向设置的色彩，如图12-28所示。

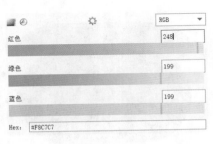

图12-27

图12-28

03 通过新增灯光，对盒体中心部分打光，如图12-29所示。设置的参数，如图12-30所示。

图12-29

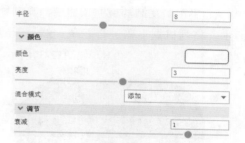

图12-30

04 对盒体边缘处打光，亮度设置为0.5，如图12-31所示。

05 再对靠近盒体的边缘处打光，如图12-32所示。设置的参数，如图12-33所示。

图12-31

图12-32

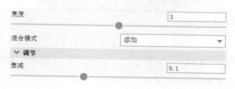

图12-33

12.1.4　耳机细节光影处理

01 双击耳机上盖，设置"折射指数"为1.7，如图12-34所示。右击耳机耳罩处，单击"解除链接材质"选项，在"材质"选项中设置"类型"为"高级"，将"氛围"颜色做调亮处理(调亮颜色使耳罩与旁边的黑色有所区分)，设置"粗糙度"为0.15、"折射指数"为1.35，如图12-35所示。

图12-34

图12-35

02 单击"复制环境"按钮 🌐，复制环境光为"环境3"，并将灯光全部删除，如图12-36所示。将耳机盒上盖进行隐藏，然后新建"灯光1"，对耳机顶部下边缘处打光，设置"亮度"为4、"衰减"为0.8，如图12-37所示。

图12-36

图12-37

03 复制"灯光1"，命名为"灯光2"，对耳机顶部上边缘处打光，设置"亮度"为0.5，如图12-38所示。选中耳机部分，设置"粗糙度"为0.1、"折射指数"为1.5，将"漫反射"颜色做提亮处理，如图12-39所示。

图12-38

图12-39

04 新建"灯光3"，对耳罩边缘处打光，双击耳罩边缘处，设置"粗糙度"为0.15，如图12-40所示。

图12-40

05 新建环境光为"环境4"，将灯光全部删除。然后单击"添加针"按钮 ⓐ，新建"灯光1"，单击耳机上部，勾选"二分之一"复选框，设置"半径"为41、"亮度"为3、"衰减"调为0.4、设置"衰减模式"为"指数"，如图12-41所示。

06 新建"灯光2"，单击耳机上部，设置"衰减"为0.3，如图12-42所示。

图12-41

图12-42

07 分别选中"环境""环境2""环境3""环境4"，用"区域工具"截取耳机部分，添加到渲染任务中进行渲染并出图，如图12-43所示。

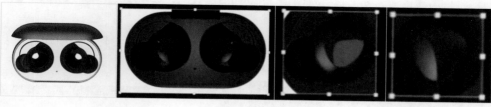

图12-43

12.1.5　后期处理

01 将渲染完成的图片分别导入Photoshop软件中，选中rgb图层，按住Shift键(保证区域图片与主图片部位对齐)，如图12-44所示。

02 将down图层移动至最上方，按Delete键删除Render Passes分组，按图层顺序为图层重命名，然后选中down图层，单击"魔棒工具"按钮，选中图片左部黄色区域，如图12-45所示。

图12-44

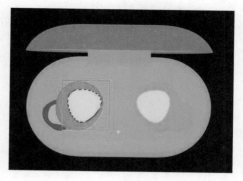

图12-45

03 将down图层关闭，选中rgb3图层，按Shift+Ctrl+I组合键，将选区反选，如图12-46所示。然后删除选区内容，如图12-47所示。

图12-46   图12-47

04 单击"矩形选框工具"按钮■，选中down图层，单击"魔棒工具"按钮✦，选中除左侧耳机之外的所有区域，如图12-48所示。将down图层关闭，选中rgb2图层，如图12-49所示。然后删除选区内容，如图12-50所示。

05 单击"矩形选框工具"按钮■，选中down图层，运用魔棒工具，选中耳机盒表面区域，将down图层关闭，然后选中rgb1图层，如图12-51所示。

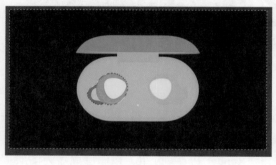

图12-48

图12-49

图12-50

图12-51

06 按Shift+Ctrl+I组合键，将选区进行反选，按Delete键删除选区。按Ctrl+D组合键，取消选区，如图12-52所示。然后选中rgb1图层，按Ctrl+L组合键，在弹出的"色阶"对话框中调整亮度，单击"确定"按钮，如图12-53所示。

图12-52

图12-53

07 单击"矩形选框工具"按钮，选中down图层，利用魔棒工具，选中耳罩部分(蓝色区域)，将down图层关闭，选中rgb2图层，如图12-54所示。新建"图层1"图层，按Ctrl +L组合键，在弹出的"色阶"对话框中调整亮度，单击"确定"按钮，如图12-55所示。这时可以看到耳罩与耳机部分有着明显的区分。

图12-54

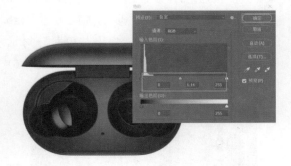
图12-55

08 单击"矩形选框工具"按钮，选中down图层，利用魔棒工具，选中左侧耳机部分，在选择过程中可以运用套索工具辅助选中选区，将down图层关闭，选中rgb2图层，如图12-56所示。新建"图层2"图层，按Ctrl+L组合键，在弹出的"色阶"对话框中调整亮度，单击"确定"按钮，如图12-57所示。

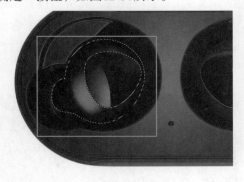
图12-56

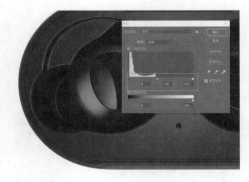
图12-57

09 新建"图层3"图层，单击"矩形选框工具"按钮■，按住Alt键不放，将光标放在图层2与图层3之间，建立剪切蒙版，单击"画笔工具"按钮✔，设置"不透明度"为37%、"流量"为48%，在"图层"栏设置"不透明度"为7%，涂抹耳机反光处，为耳机制作反光效果，如图12-58所示。

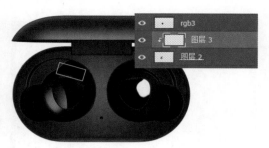

图12-58

10 处理亮面部分，选中rgb3图层，单击"钢笔工具"按钮✎，选择"路径"选项，开始绘制路径。再单击"选区"选项，弹出"建立选区"对话框，单击"确定"按钮，如图12-59所示。在"模糊工具"标签下选择"涂抹工具"按钮✎，修整选区边缘，如图12-60所示。按Ctrl+D组合键，取消选区，选中rgb图层，按Ctrl+L组合键，弹出"色阶"对话框，调整亮度，单击"确定"按钮，如图12-61所示。

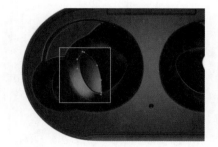

图12-59

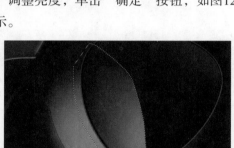

图12-60

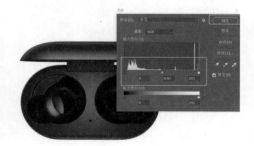

图12-61

11 新建一个图层，单击"椭圆工具"按钮◯，填充为白色，在图12-62所示位置绘制高光。在"图层"栏中，设置"不透明度"为54%。然后选中"图层2"，按Ctrl +M组合键，弹出"曲线"面板，设置"输出"为132、"输入"为122，单击"确定"按钮，如图12-63所示。

图12-62

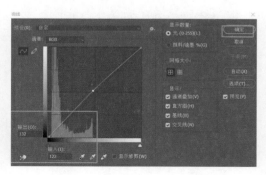

图12-63

12 绘制倒角光，新建"图层4"图层，单击"画笔工具"按钮 ✐，将画笔调整到合适大小，按Shift键进行绘制，然后在"图层"栏设置"不透明度"为23，如图12-64所示。

13 将图层全部关闭，仅留下rgb图层。单击"钢笔工具"按钮 ✎，选择"路径"选项，绘制路径。再选择"选区"选项，会弹出

图12-64

"建立选区"对话框，单击"确定"按钮，如图12-65所示。然后按Ctrl +J组合键，建立"图层5"图层，按Ctrl +L组合键，在弹出的"色阶"对话框中调整亮度，单击"确定"按钮，如图12-66所示。

图12-65

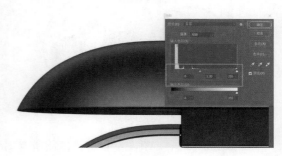

图12-66

14 新建"图层5拷贝"图层，按Ctrl+T组合键，右击选择"水平翻转"选项，按Shift键水平移动至合适位置，单击"确认"按钮 ✔，如图12-67所示。然后绘制倒角光，新建一个图层，运用钢笔工具绘制路径，单击"形状"选项，如图12-68所示。

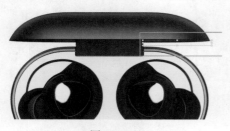

图12-67

图12-68

15 设置"填充"为无、"描边"像素为1.7、"描边"颜色为白色。"图层"栏设置"不透明度"为72，如图12-69所示。然后在"属性"选项中，设置"羽化"值为0.7像素，如图12-70所示。

16 单击"添加图层蒙版"按钮 ◉，运用画笔工具绘制出高光的过渡，如图12-71所示。然后将其余图层打开，选择耳机部分图层进行编组，建立"组1"，再将"组1"复制为"组1拷贝"，按Ctrl+T组合键，选中选区，右击选区部分，选择"水平翻转"选项，按Shift键水平移动，将"组1拷贝"图像移动到合适位置，单击"确认"按钮 ✔，如图12-72所示。

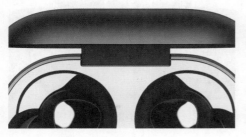

图12-69

图12-70

图12-71

图12-72

17 按Shift+Ctrl+Alt+E组合键，复制所有图层，新建"图层6"。按Ctrl+B，弹出"色彩平衡"对话框，设置参数，如图12-73所示。

图12-73

18 选取矩形选框工具，选中down图层，利用魔棒工具选中耳机盒表面区域，随之将down图层关闭，如图12-74所示。

19 新建"图层7"图层，在菜单栏中执行"滤镜"/"杂色"/"添加杂色"命令，弹出"添加杂色"对话框，设置"数量"为3.92，勾选"单色"复选框，如图12-75所示。通过添加杂色可以增加产品外观的质感。

20 设计完成的黑色耳机产品效果，如图12-76所示。

图12-74

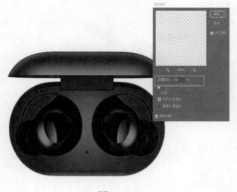

图12-75

图12-76

12.2　白色耳机渲染案例

很多产品在设计时会采用白色，例如智能家电、医疗设备等。白色产品相较于黑色产品有一定设计难度，容易在渲染过程中出现发灰、颜色平坦、黑白对比关系较弱等问题。下面通过白色耳机渲染案例讲解如何渲染白色产品。

12.2.1　基础材质调整

01 将源文件置入KeyShot 10软件中，在"环境"选项中设置"背景"为白色，关闭"地面阴影"，如图12-77所示。右击耳机主体部分，选择"解除链接材质"选项。双击耳机主体部分，在"材质"选项中，设置"类型"为"高级"，"漫反射"为白色(注意不要设置为纯白，打光时容易曝光)，"折射指数"为1.6，如图12-78所示。

图12-77

图12-78

02 双击耳机被框选的部分，在"材质"选项中设置"折射指数"为1.6，如图12-79所示。然后右击要设置的耳机部分，选择"解除材质链接"选项。双击耳机被框选的部分，在"材质"选项中，设置"粗糙度"为0.1、"折射指数"为1.6，如图12-80所示。

271

图12-79

图12-80

03 双击如图12-81所示的耳机部分，按S键进入单独模式。右击耳机部分，执行"拆分对象表面"命令，弹出"拆分对象表面"对话框，设置拆分角度为3.6，然后选择如图12-82所示的绿色曲面，单击"拆分表面"按钮，单击"应用"按钮结束命令。

图12-81

图12-82

04 再次双击耳机表面，在"材质"选项中单击"材质图"，弹出"材质图"对话框。在空白处右击，执行"纹理"/"网格"命令，弹出"网格"对话框，如图12-83所示。

图12-83

05 将"网格"与"不透明度"相链接，如图12-84所示。在右侧的"形状"和"网格图案"选项中调整网格大小，设置"网格图案"为"交错"，设置图案间距为0.027mm，如图12-85所示。将"网格"与"凹凸"相链接，设置"凹凸高度"为-1，如图12-86所示。

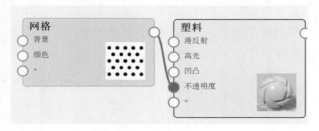

图12-84

图12-85

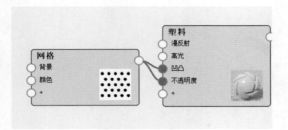

图12-86

06 双击蓝牙耳机底部，在"材质"选项中设置"折射指数"为10，如图12-87所示。然后右击耳罩被框选部分，选择"解除链接材质"选项，双击耳罩部分，在"材质"选项中设置"类型"为"高级"，"漫反射"为白色(注意不要设置成纯白，打光时容易曝光)，"折射指数"为1.35(材质处理软一些，软橡胶的感觉)，如图12-88所示。

图12-87

图12-88

12.2.2　耳机头部打光处理

01 选择如图12-89所示的灯光，拖曳到工作界面。将HDRI编辑器中的灯光全部删除，如图12-90所示。

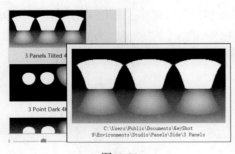
图12-89

图12-90

02 单击"添加针"按钮⊕，新增"灯光1"，对耳机上半部打光，设置"衰减模式"为"指数"，"亮度"为2.08，"半径"为71.28，"衰减"为0.08，如图12-91所示。然后新增"灯光2"，对耳机上边缘处打光，设置"衰减模式"为"指数"，"亮度"为0.9，"半径"为35，"衰减"为0.08，如图12-92所示。单击"设置高亮显示"按钮⊕，可以调整光照到适当位置。

图12-91

图12-92

03 对耳机下边缘打光，操作方式同上一步骤，如图12-93所示。对耳机后半部分打光，如图12-94所示。

图12-93

图12-94

技术要点

对局部打光的数值可以反复调整，不必拘泥于文中所要求的打光数值，只要合理地体现产品表面的质感即可。切记产品的外轮廓边缘不要出现过白、曝光等效果。

12.2.3　耳机下部打光处理

01 单击"复制环境"按钮，复制环境灯光为"环境2"，并将灯光全部删除，然后对耳机下半部分进行打光处理，如图12-95所示。单击"添加针"按钮，新增"灯光1"，对耳机右下部打光，设置"衰减模式"为"指数"、"亮度"为2.8、"半径"为54.09、"衰减"为0.1，如图12-96所示。单击"设置高亮显示"按钮，可以调整光照到适当位置。

图12-95

图12-96

02 根据上一步的操作方法，对耳机左下部打光，如图12-97所示。依然采用同样的方法，对耳机下部进行打光，如图12-98所示。

图12-97

图12-98

12.2.4 耳机罩打光处理

01 单击"复制环境"按钮🔁，复制环境灯光为"环境3"，并将灯光全部删除，对耳机罩进行打光处理，如图12-99所示。

02 对耳机罩底部打光，作为耳机罩底部的反光，如图12-100所示。再次复制"灯光2"，并建立"灯光3"，对耳机罩顶部打光，作为耳机罩底部的高光，如图12-101所示。

图12-99

图12-100

图12-101

12.2.5 耳机底部打光处理

01 复制环境灯光为"环境4"，并将灯光全部删除，对耳机底部进行打光处理，如图12-102所示。选择"矩形"选项(矩形带有角度)，设置X为71.7、Y为47.7、"亮度"为0.247、"衰减"为0.625。

技术要点

根据需要可以配合"圆角"和"方位角"数值变化，调整光照角度。

图12-102

02 根据同样的方法，右键复制"灯光1"，建立灯光，对耳机底部打光，如图12-103所示。再对耳机底部右下角打光，作为底部金属处的反光，如图12-104所示。

图12-103

图12-104

12.2.6 耳机细节调整及渲染出图

01 继续复制环境灯光，并将灯光全部删除，对耳机上半部分打光，如图12-105所示。对耳机上部打光，如图12-106所示。

图12-105

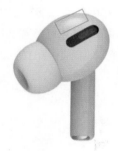

图12-106

02 单击"重置相机"选项，将"照明"选项中"全局照明"关闭，如图12-107所示。在"环境"选项中，先单击"渲染"按钮 ，弹出"渲染"对话框，选择要储存的文件夹，设置所需的分辨率大小，格式为PSD，"层和通道"里选择Clown按钮 ，单击"添加到Monitor"按钮，如图12-108所示。

图12-107

图12-108

03 分别在"环境2""环境3""环境4""环境5"中，用"区域工具"截取耳机部分并添加到任务栏中进行渲染，如图12-109所示

图12-109

12.2.7　后期处理

不同的亮面材质需要使用指数光，不同的指数光要有差异性。

01 将已经渲染的图片分别导入Photoshop软件中，按住Shift键保证区域图片与主图片部位对齐。将down图层移动至最上方，删除Render Passes分组，按图层顺序为图层重命名。选中down图层，单击"魔棒工具"按钮📌，选中耳机听筒部分，如图12-110所示。将down图层关闭，再单击rgb4图层，并按Shift+Ctrl+I组合键，将选区反选，如图12-111所示。然后按Delete键，删除选区里的内容，按Ctrl+D组合键，取消选区，如图12-112所示。

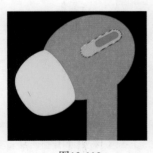

图12-110　　　　　　　　　　　图12-111　　　　　　　　　　　图12-112

02 利用魔棒工具选中耳机底部蓝色部分，如图12-113所示。将down图层关闭，选中rgb3图层，如图12-114所示。按Shift+Ctrl+I组合键，将选区反选，删除选区所选内容，如图12-115所示。

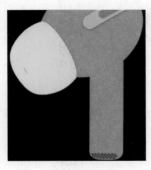

图12-113　　　　　　　　　　　图12-114　　　　　　　　　　　图12-115

03 利用魔棒工具选中耳机耳罩部分，如图12-116所示。将down图层关闭，选中rgb2图层，如图12-117所示。按Ctrl+Shift+I组合键，将选区反选，并删除选区内部，如图12-118所示。

图12-116   图12-117   图12-118

04 再选中down图层，利用魔棒工具选中红色部分，如图12-119所示。将down图层关闭，选中rgb1图层，如图12-120所示。按Ctrl+Shift+I组合键，建立选区，然后将选区反选，并删除选区内容，如图12-121所示。

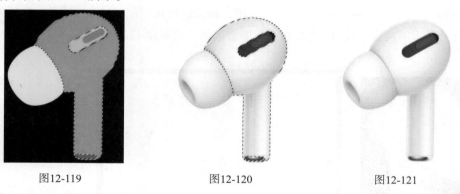

图12-119   图12-120   图12-121

05 利用钢笔工具绘制路径，选中"形状1"图层，利用直线选择工具，在属性栏中设置"描边"为无，"填充"颜色为R27、G30、B38，如图12-122所示。

图12-122

06 按住Alt键，将光标放置在"rgb1图层"与"形状1"之间，建立剪切蒙版，如图12-123所示。然后选中"形状1"图层，在"属性"栏中设置"羽化值"为57.2，如图12-124所示。

图12-123　　　　　　　　　　　　　　　　　图12-124

07 在"图层"栏中设置"类型"为"正片叠底"、"透明度"为28，如图12-125所示。单击"添加蒙版"按钮■，选择画笔工具，设置"透明度"为37%、"流量"为48%，按住Shift键不放，移动光标擦除阴影边缘，如图12-126所示。然后利用色阶工具，对rgb2图层和rgb3图层进行亮度调整，如图12-127所示。

图12-125　　　　　　　　　图12-126　　　　　　　　　图12-127

08 新建一个图层，利用钢笔工具绘制如图12-128所示的路径，设置"填充"为无、"描边"颜色为白色、"描边"像素为2。然后为"形状2"图层添加蒙版，利用画笔工具(设置"透明度"为69%、"流量"为56%)涂抹倒角光边缘，绘制出自然的过渡效果，增加耳机底部倒角光，如图12-129所示。

图12-128　　　　　　　　　　　　　　　　　图12-129

09 完成的白色耳机产品效果，如图12-130所示。

图12-130